马氏体组织亚结构
——ω-Fe相

平德海 李松杰 殷 匠 ◆著

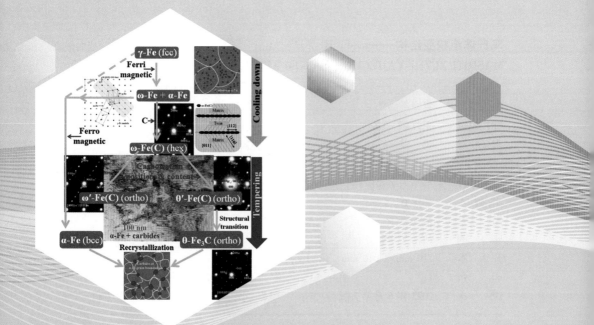

郑州大学出版社

图书在版编目(CIP)数据

马氏体组织亚结构：ω-Fe 相／平德海，李松杰，殷匠著. — 郑州：
郑州大学出版社，2023.6
ISBN 978-7-5645-9559-3

Ⅰ.①马… Ⅱ.①平… ②李… ③殷… Ⅲ.①马氏体 - 组织结构 -
研究 Ⅳ.①TG113.1

中国国家版本馆 CIP 数据核字(2023)第 051744 号

马氏体组织亚结构——ω-Fe 相
MASHITI ZUZHI YAJIEGOU——ω-Fe XIANG

策划编辑	袁翠红		封面设计	王 微
责任编辑	王红燕		版式设计	苏永生
责任校对	吴 波		责任监制	李瑞卿

出版发行	郑州大学出版社		地 址	郑州市大学路 40 号(450052)
出 版 人	孙保营		网 址	http://www.zzup.cn
经 销	全国新华书店		发行电话	0371-66966070
印 刷	河南文华印务有限公司			
开 本	710 mm×1 010 mm 1／16			
印 张	11		字 数	195 千字
版 次	2023 年 6 月第 1 版		印 次	2023 年 6 月第 1 次印刷

书 号	ISBN 978-7-5645-9559-3		定 价	79.00 元

本书如有印装质量问题,请与本社联系调换。

◆ 前 言 ◆

钢铁材料的使用至少发生在两千年前,但直至 17 世纪末才开始有规模的阶段性科学研究。最初科学研究的主要目的是掌握钢铁材料中淬火硬化的原理,很快就发现钢铁材料中硬度提升的原因来源于微观组织的细化。尽管后来发现淬火过程还存在其他现象(比如淬火引起体积膨胀等),但基于钢铁材料组织变化对其力学性能产生影响的研究主线没有改变。随后经过约两个世纪的研究,才发现淬火硬化与碳元素的关联,这主要归功于化学元素分析确定了碳作为一种化学元素,而后才有碳钢一说。

在确定碳元素的影响之前的研究只是纯科学性的,与工业生产没有关系。因此对 Fe-C 合金体系的系统性研究实际是始于 19 世纪后期,但由于碳是轻元素并且是作为间隙原子存在于钢铁材料的晶体结构中,至今也不能单独测量出单个碳原子在钢铁中的行为。因此在碳钢基础研究最盛期(1850—1950 年代)的 100 多年中出现了大量的假说和理论,自然也存在相互矛盾的说法,不足为奇。最盛期的代表性研究成果是 Fe-C 二元相图的建立,碳钢理论的基本框架就此搭建起来,在该过程中研究微观组织的主要手段是光学显微镜,放大倍数至多达几千倍。目前普遍存在于各类教科书中的碳钢基础理论知识主要是基于 1920—1960 年代的研究结果,这些研究结果又基本是基于 X 射线衍射测量结果的解释。在 20 世纪前半叶,X 射线衍射技术是唯一强大的微观分析手段,实用性强且精度高,主要用来确定晶体结构,特别是晶粒大小在几十纳米以上的材料,但对极其细小的晶粒,比如非晶结构材料中存在的少量细小纳米晶粒,X 射线衍射技术也显得能力不足,更无法测量出单个碳原子在钢铁中的行为,至今对碳钢中碳原子的行为没有一个明确的定论,碳原子在钢铁中的作用原理依然靠推测。从 1970 年代至今,有关碳钢基础理论方面的研究几乎没有突破性进展。

碳钢的微观组织演变和力学行为的关系一直没能实现科学的对应,往往在解释某种现象或力学性能时用一套理论学说,而解释相同碳钢材料中的另一现象时则使用另一套不相干的学说,难以形成统一自洽的理论体系。对于一个二元的 Fe-C 模型合金来说,随着碳含量从低到高,其微观组织的变化就应该只用一种理论来解释。由于低碳、中碳、高碳甚至超高碳这种说法的分界线是人为定义的,并不存在一个科学的合理分界,因此不应该出现不相干的理论分别用来解释低碳、中碳和高碳中的微观组织的形成机制,否则就必须解释清楚碳含量在某一个具体数值以上和以下具有明显不同微观组织形成机制的根本原因。

纯铁在高温(912 ~ 1394 ℃)时具有面心立方[Face-Centered Cubic (FCC, γ-Fe)]晶体结构,而在912 ℃以下具有体心立方[Body-Centered Cubic (BCC, α-Fe)]晶体结构,这一温度界线成为铁的一个非常重要的固态相变温度点。铁与其他元素组成的钢铁或合金则使得室温下的组织和性能变得复杂多样,其中最典型的就是 Fe-C 二元模型合金或碳钢。随碳含量的变化,这个相变点的温度也随之发生变化,在该温度点所发生的相变习惯上被称为"马氏体相变"。由于相变前后的组织与物理和力学性能存在明显差异,所以马氏体相变是 20 世纪金属材料的基础研究领域方面一个重要的基础理论,也是陶瓷材料领域和固体物理领域的热点研究方向之一。

迄今为止,尽管研究人员已提出了各种各样的原子结构转变模型、假说和机制,但尚未对钢铁中的奥氏体组织如何转变成马氏体组织的看法达成一致,有些机制甚至是完全相左。其中主要的两种转变模式:一种为 FCC → BCC 的直接转变,典型的贝茵(Bain)转变机制;另一种是存在中间过渡相,认为从 FCC 不能直接转变到 BCC,这个中间过渡相为密堆六角[也叫六角密堆,Hexagonal Close-Packed (HCP)]结构相。因为这种假定的过渡相一直没有在 Fe-C 二元合金系中被发现,现在多数人认同的是第一种的直接过渡机制。但这种直接简单易懂的 FCC → BCC 的转变(也是马氏体相变的主要内容)却遇到了很多无法解释的问题。典型问题之一是为什么 BCC 的{112}面是其惯习面,即碳钢马氏体组织中为何会有大量 BCC{112}<111>型的孪晶关系存在。这里的孪晶关系(本书所讨论的孪晶只限于 BCC{112}<111>型)是指两个相互独立的 α-Fe 晶体之间存在这样一种晶体学方面的关系,而不是一个孪晶体里面含有两部分(基体部分与孪晶部分,两部分由一个孪晶界面作为分界线,实际上具有这样孪晶关系的孪晶体,至今未在实验中观察到)。为了更好地理解 BCC{112}<111>型孪晶关系特征,有关这个概念还会在相关章节详细阐述。

近年来,作者及合作者在 Fe-C 二元合金体系中发现的一个普遍存在的亚稳相——"神奇的"ω 相(ω-Fe),通过探讨这个具有初基六角(primitive hexagonal)结构的 ω-Fe 相的形成机制及其对钢铁材料中微观组织结构的演变与相关性能的影响,从而为解释碳钢中复杂组织的形成机制与力学性能之间的关联做一个基础性的铺垫。能称得上"神奇"至少具备两个基本条件:一是尺寸细小,不易被观察到;二是具有显著的影响。对于碳钢来说,常规的实验手段很难发现 ω-Fe 相的存在,这是由于其晶粒度只有 1~2 nm 大小(这个尺度应该是一个晶体颗粒的最小尺度);而由于如此细小的 ω-Fe 相晶粒又是碳钢中普遍存在的渗碳体(θ-Fe_3C)的前驱体,因此碳钢的力学性能,特别是强度,自然与 ω-Fe 密不可分。

ω-Fe 相在钢铁材料中起什么作用需要从两个方面回答:一是固态结构转变过程,即相变过程是 FCC → ω + BCC。由于 ω-Fe 相的不稳定特性及其相变的快速过程(相变过程的速度至今也无法确定。一般公认是声速量级,但本书中牵连到的 ω → θ-Fe_3C 转变的过程应是光速量级,因为在透射电子显微镜原位观察过程中,可以观察到闪光现象),所以很难在观察实验技术上将 ω-Fe 相与 α-Fe 相的形成明显分开。如果用"共析反应"一词,这个马氏体相变过程非常符合"共析反应"的定义。二是对力学行为的影响,作为间隙原子的碳原子在 ω-Fe 相中而非 α-Fe 相中,由于 θ-Fe_3C 的前驱体是ω-Fe相,碳原子是通过 ω-Fe 相而起到硬化作用。

细小的 ω-Fe 相晶粒出现在 BCC{112}<111>型孪晶关系的界面区域,且沿着该{112}孪晶面上的某一个<111>方向排列,这与其他 BCC 金属或合金体系中的 ω 相分布类似。碳原子部分稳定了 ω-Fe 相结构,这些含碳的ω-Fe晶粒与孪晶界面结构相互维持稳定,碳原子、ω-Fe 相和孪晶结构三者缺一不可。如果发生退孪晶行为,则 ω-Fe 晶粒将粗化并发生类似同分异构体式的转变,转变成相对稳定的碳化物,如 θ-Fe_3C 渗碳体。碳钢中绚丽多姿的形貌特征也与这种退孪晶行为密切相关。

钢铁中最古老的科学难题就是如何解释碳钢中的淬火硬化现象。现有的解释是由于钢中的马氏体组织的形成,该组织一直被认为是由单晶体形式的 α-Fe 相构成,碳原子被"冻结"在 α-Fe 相的间隙位置。随碳含量的增加,α-Fe 相的晶体结构由 BCC 转变至体心四方相(Body-Centered Tetragonal (BCT 或 α'-Fe),就是碳原子将 α-Fe 相的 BCC 晶体结构的某些八面体间隙撑开,从而使 BCC 结构撑开为 BCT 体心四方结构,且认为该 BCT 结构的四方度(长轴与短轴之比)也随碳含量的增加而变得更加明显,并将四方度的大小与碳钢马氏体的硬度直接联系起来,等等。这是近百年来基于 X 射线衍射实验结果对碳钢淬火硬化现象的解释。但基于对最初形成的马氏体精细组织的电镜观察,最初形成的马氏体组织亚结构是由具有{112}<111>型孪晶关系的 α-Fe 相细小晶粒和孪晶界面处的 ω-Fe 相细小晶粒组成的,那么传统的 BCT 一说就需要重新审视。

既然需要明白碳原子在碳钢中的行为,那么本书将直接从超高碳含量的二元 Fe-C 合金着手,因为高碳含量可以明显看出碳原子在马氏体相变及相关现象中的行为及影响,而不是在碳含量低的合金中苦苦寻求。本书的重点是从原子结构层次上说明结构相变以及渗碳体和各种各样碳钢组织形成的机制。

第一章将首先对其他 BCC 金属和合金中普遍存在的 ω 相做一个基础性的说明,主要阐明 ω 相的晶体结构,在 BCC 点阵中的形成机制、形貌、分布特征及对力学性能的影响等。重点说明 BCC 金属和合金中普遍存在的{112}<111>型孪晶关系及与 ω 相的特殊关联性,即这种孪晶关系实际上是 BCC → ω → BCC 相结构转变的产物。

第二章将从淬火态 Fe-C 二元模型合金系中的电子衍射结果出发,证明淬火态碳钢中{112}<111>型孪晶关系界面上的 ω-Fe 相的普遍存在性,并从实验观察结果说明淬火态孪晶马氏体组织的亚结构特征:整体马氏体组织均由 1 ~ 2 nm 大小的细小 α-Fe 和 ω-Fe 相晶粒组成,且同样细小的 ω-Fe 相晶粒只分布于孪晶界面处。

第三章将通过对 ω-Fe 相结构进行电子衍射谱的计算来说明 ω-Fe 相很难被理解或发现的原因。因为在很多观察方向下,ω-Fe 相的电子衍射斑点与三者(α-Fe 衍射斑点、α-Fe 的孪晶衍射斑点及可能的二次衍射斑点)混合的衍射斑点完全重合,但在个别{112}<111>孪晶关系的<112>方向下,ω-Fe 相可以有单独的衍射斑点对应。

第四章将从原子结构上说明从奥氏体结构如何转变成 ω-Fe 相和铁素体结构,即 FCC → ω + BCC 的相变过程。同时说明淬火态马氏体组织中 BCC{112}<111>型孪晶关系的形成机制(该孪晶关系即为相变产物)以及 ω

-Fe 相分布于孪晶界面处的机理,并分析淬火态孪晶关系中细小晶粒(α-Fe 和 ω-Fe 的晶粒度均很细小)的相关形成机制,最后从理论计算的结果来进一步地说明碳钢中碳原子有助于稳定 ω-Fe 相而成 ω-Fe$_3$C 相。

第五章将从透射电子显微镜的原位加热实验结果出发说明 ω-Fe$_3$C 相与孪晶关系之间的相互依存性,同时说明淬火态孪晶马氏体组织中细小 α-Fe 晶粒的粗化或再结晶过程,重点说明退孪晶过程及各种各样的碳钢组织的形成机制。

第六章将从 ω-Fe$_3$C 相出发说明碳钢中典型碳化物颗粒 θ-Fe$_3$C 型渗碳体的形成机制。碳化物作为碳钢中的重要组成部分,掌握马氏体组织中碳化物的形成机制有助于调控碳钢的微观结构,从而实现对碳钢力学性能的改善。

第七章将对具有广泛应用的典型碳钢组织(珠光体组织)中的亚结构或精细结构进行一些简要说明,说明珠光体组织是由孪晶马氏体组织演变而来,并阐明珠光体组织自身演变的过程。

第八章将做一个简短的碳钢中金相学研究的历史回顾,用以说明有关研究过程中的曲折性及碳钢中 ω-Fe 相未被发现的简要缘由。

本书可读性强,语言简洁易懂,所涉及的孪晶关系只是 BCC{112}<111>型孪晶关系,材料的组织结构也限于淬火态二元 Fe-C 合金。其中第二至七章为主要内容,每章之间虽有关联但也各自独立。对于从事钢铁工程技术开发的相关人员可以从后往前看或直接越过那些不熟悉的晶体学方面的标定,通过直观的实验观察图像来分辨碳钢中复杂的微观组织结构,只要具有简单的立体几何的背景知识和基本的电子衍射常识就能看懂这本书中的全部内容,并能对目前碳钢中所谓的一些谜团有个初步的了解。本书中有关碳钢中 ω-Fe 相的研究只是起步阶段,撰写过程中难免有不足之处,诚恳欢迎广大读者在阅读和使用过程中发现问题并提出宝贵意见,以便进一步更正和修订。

目 录

第一章
体心立方金属和合金中的 ω 相

与面心立方结构的金属和合金相比,体心立方的金属和合金有一些显著不同的物理和力学行为:从弹性行为来看,BCC 的金属和合金在室温下有时显示出力学上的不稳定和各向异性行为等。BCC 金属材料的脆性和韧性行为是随温度而变化的,在某一温度(或一定的温度范围)以上变形加工,具有较好的塑性;在此温区以下变形加工,则会出现明显的脆性断裂。该温度称为韧脆转变温度[Ductile-Brittle Transition Temperature (DBTT)]。不同金属和合金的 DBTT 不同,这一明显的力学特征只是在 BCC 金属和合金中常见。以往一般将这一现象归咎于晶体学上滑移系的差别,位错在 BCC 体系中滑移较困难。但这种解释很难帮助人们理解特征温度区域的存在,显然单纯滑移系的差别是无法很好地理解 DBTT 现象。具有 FCC 结构的金属,如 Cu、Al、Ni 和奥氏体钢中基本上没有这种温度效应,即没有低应力脆断。这是因为当温度降低时,FCC 金属的屈服强度没有显著变化,一般没有脆性转变温度。解理断裂一般出现在 BCC 和六角结构金属和合金的韧脆转变温度的脆性温度一侧。尽管从晶体学来说,是个很简单的断裂过程,但在材料中为何会出现这样的断裂特征,如何解决这样的科学和工程密切相关的问题仍是一个难题。在工程上人们往往在选择材料时避开这个现象,一般选择加工和使用的温度高于韧脆转变温度。

对这些立方结构金属和合金中的不同行为存在多种解释,但一个明显的不同是 BCC 结构的金属和合金中容易出现一种 BCC 点阵与初基六角 ω 相点阵的相互转变,即 BCC↔ω 的转变,也叫 ω 转变或 ω 相变。由于 ω 相颗粒度只是纳米量级,同时更由于两相之间共格的关系,不易在一般测量分析中注意到。比如在常用的扫描电子显微镜中就很难观察到这些 ω 相颗粒,更不要说用光学显微镜来观察了。正是由于 ω 相变的存在,才使得 BCC 金属和合金具有更加绚丽多彩的微观组织结构和力学特性。该相变所产生的

ω 相已在很多 BCC 的金属及其合金中观察到,如合金钢,Ti 合金和黄铜合金等。ω 相变发生的区域往往局限于几至几十纳米大小,这种大小主要与 BCC 点阵的稳定性相关。BCC 晶体点阵结构越稳定,ω 相越不易形成。本章将对亚稳 Ti 合金及其他 BCC 体系中的 ω 相做一些简要说明,目的是为碳钢中的 ω-Fe 相的真实性及其对力学性能的影响做一些基础性的相关论述。

第一节 ω 相结构

1954 年,Frost 等人首先报道了在 Ti 合金中存在一种亚稳 ω 相,该相的形成明显增强了材料的强度但也带来了显著的脆断现象,特别是解理断裂变得更明显[1-5]。随后在其他 BCC 的金属和合金中也发现了这种相,如 Zr 合金。由于 Zr 合金被广泛用作核材料,由此引发了对 ω 相的大量研究。亚稳一词是相对而言,最近的计算结果表明,在纯 Ti 中,直到绝对温度零度左右,ω 相是稳定相,是间隙原子阻止了密堆六角结构 α-Ti 相向 ω-Ti 相的转变[6]。早期对 ω 相的研究主要集中在 Ti,Zr 和 Hf 金属和合金中(周期表中的第IVB 族),这不仅是由于 ω 相的普遍存在,还因为在有些合金中,ω 相的体积百分比可达 50% 以上,甚至达到 90% 左右,对材料的力学性能有显著的影响[1,2,4,5,7-9]。

根据 BCC-Ti 和 Zr 合金中 ω 相的结构参数[7,8],理想或完美的 ω 相具有初基六角结构的特征,其原子结构示于图 1-1 中。ω 相的晶体学单胞内有三个原子,原子位置分别为:$(0,0,0)$,$(2/3,1/3,1/2)$ 和 $(1/3,2/3,1/2)$。这与常见的密堆六角(ABAB⋯堆垛型)结构不一样,中间层原子数是其相邻层的两倍,所以又叫 AB_2 型结构。实验上观察到的 ω 相其点阵常数与相应的 BCC 点阵存在下列对应关系:$a_\omega = \sqrt{2}\, a_{BCC}$;$c_\omega = \dfrac{\sqrt{3}}{2} a_{BCC}$。空间群为 D_{6h}^1($P6/mmm$)。

根据 X 射线的粉末衍射结果,Frost 等人最初将此亚稳相暂定为点阵常数是 8 Å 的立方结构[1],随后,Bagaryatskiy 等人[10]和 Silcock 等人[11]分别发表了他们利用单晶技术的研究结果,尽管他们分别采用了缓冷的 Ti-5Cr(wt.%)和退火的 Ti-16V(wt.%)合金试样,但结论几乎是和上述理想的 ω 相结构一致而非立方结构,只是单胞内部两个原子的 c 轴位置约为 0.48,不是理想的 1/2,这种差别可能是合金化元素引起的,或者与 ω 相的体积百分比有关。因为实际上不可能得到单晶 ω 相的材料。这种微小的偏离会导致晶体空间群的差异,如果是 0.48,则空间群为 D_{3D}^3($P\bar{3}m1$)。随后大量的实验包括透射电子显微镜的观察及选区电子衍射的分析都证明了 ω 相具有六角结构的特征。

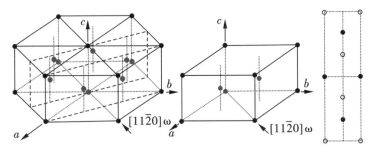

图 1-1　ω 相的原子结构示意图

左图是其初基六角结构的立体示意图,每个黑点代表一个原子的位置;中图是其晶体学单胞立体图,沿 a,b,c 三个基轴方向平移叠加可得整个 ω 晶体,单胞中每个顶角的原子为 8 个单胞共有,而单胞内的两个原子则仅为该单胞所有,所以一个单胞共有三个原子,原子位置分别为:(0,0,0),(2/3,1/3,1/2),(1/3,2/3,1/2)。a 轴和 b 轴之间的夹角为 120°,c 垂直于 a 和 b 两轴。如果沿[11$\bar{2}$0]晶带轴投影,则其单胞结构可如右图所示。空心圆和实心点表示原子所在的原子面的差异,沿垂直纸面方向看,空心圆在一层,则实心点就在其前一层或后一层

在亚稳 Zr 合金中,Yakel[12] 在 1959 年报道了 ω 相,并认同 Zr 合金中的 ω 相结构与 Ti 合金中的一样。Hatt 等人随后在其他 Zr 合金中也证明了 ω 相[13],但发现单胞内两个原子的 c 轴位置有差异,即 c/a 比值有差异。这样的差异被认为是不理想的 ω 相结构引起的。原因可能有两种,一种是 ω 相颗粒的细小特性,通常为几到几十纳米大小,无法得到 ω 相单晶,所以测量时基体相的干扰无法排除;另一个则是测量条件和试样条件本身的差异[7],包括两种 ω 相的并存及合金元素的不同。实验上观察到有两种 ω 相,一种是在材料冷却过程中形成的,也可以在室温下经应力诱导形成,由这两种方法形成的 ω 相,一般称之为非热(athermal)ω 相,这是一种无扩散相变(仅限于无间隙原子存在的情形),又叫无热 ω,也叫淬火 ω。另一种是等温退火过程中形成的等温(isothermal)ω 相,它是一种扩散控制的相变,又叫作等温ω。如果冷却速度相对较慢,则上述两种 ω 相可以并存。两种 ω 相在形貌和

分布上没有差别,也无法区分。由于第二种 ω 相是在退火过程中形成的,ω 相颗粒的化学成分可能与基体成分存在差异,其点阵常数可能也存在细小的差别。尽管两种的结构被认为是一样的,但也不能排除由于它们之间的差异而引起 c/a 比值的不同;同样不能排除相界面效应,这是因为 ω 相的颗粒度细小但密度非常大,因此 ω 相与基体相的界面就不能忽略。

第二节　BCC 体系中 ω 相的形成机制

对于等温 ω 相的形成,一般认为是由通常的扩散控制的形核与长大机制[14]。这是由于等温 ω 相的成分发生了变化[7]。ω 相的高密度和尺寸非常小且又规则排列,说明 ω 相的形成更可能是均匀形核,而不是由位错和晶界等所引起的非均匀形核。有人认为等温 ω 相的形成有可能是调幅分解(spinodal decomposition)的结果,但实验的结果证明六角结构 α-Ti 可能与调幅分解有关系,而 ω 相的形成与调幅分解的关系不明显[15,16],有关这种等温 ω 相的形成机制仍无确定一致的解释。

在两种 ω 相中,人们最感兴趣的是快冷或淬火过程中 ω 相的形成。快冷形成的 ω 相有以下几个普遍特征:①在一定的合金成分范围内,合金快冷到室温后,ω 相才能被观察到,而不是所有成分的样品快冷后都能在室温下观察到 ω 相。降低观察温度,ω 相形成所对应成分的范围则要变宽。有些合金冷到室温并不出现 ω 相,但将这些合金冷到液氮温度,ω 相就可能出现,可见非热或淬火 ω 相形成的温度与成分有关。一般来说,作为母相的BCC 点阵结构越稳定,则 ω 相越不易形成或形成温度较低,换言之,与成分有关也是有条件限制的。②对于某些成分的合金样品,即使非常快的冷速也不一定能阻止 ω 相的形成,如 Ti-6Cr(wt. %)合金在大于 5000 ℃/s 的冷速下还是能出现 ω 相。③非热或淬火 ω 相的形成是无扩散的相变[17]。

至今,非热或淬火 ω 相的形成机制见图 1-2 所示的原子崩塌模型,这种模型是从 Bagaryatskiy 等人[10]及 Silcock 等人[11]的结果而来的。De Fontaine 等人对 β-Ti(BCC-Ti) → ω-Ti 相变做了理论探讨[3,18,19],其结果也都支持上述的相变模型。ω 相的形成依赖于 BCC 母相的点阵稳定性,较稳定的BCC 母相则不易析出 ω 相,热动力学上亚稳的 BCC 合金体系则容易形成 ω 相。如在高温下稳定的是 BCC,但低温及室温稳定的相是六角结构的 Ti,Zr,Hf 合金体系中,当合金中的高温相保留至室温时,这样的 BCC 就成为热力学上的亚稳相。而有些金属和合金,如 Ta 和 Mo[20-22] 等,BCC 结构是它们的室温稳定相,但在经受机械变形时则可能会出现 ω 相,因为这时 BCC 结构在动力学上处于亚稳状态。

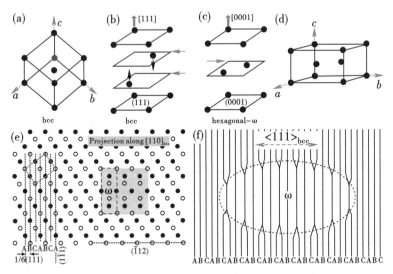

图 1-2　ω 相形成过程的原子结构示意图

(a)BCC 单胞;(b)BCC 单胞中原子在(111)面上的位置;中间相邻的两层原子沿[111]方向或反向相向移动 1/12 个(111)面间距,而其他两层原子保持不变,这样可得到图(c);由图(c)重构的单胞为图(d),图(d)与图 1-1 中间的 ω 单胞等同;(e) BCC 沿[110]方向的投影图,黑点和空心圆代表不同(110)面上的原子,实线连接的是 BCC 单胞,虚线连接的是 ω 单胞;(f) ω 颗粒形成的示意图,实线代表 BCC 的(111)面,虚线为相界面,虚线内为 ω 颗粒

不稳定的 BCC 点阵有利于 ω 相的形成,或 BCC 点阵通过局部形成 ω 相而使其本体(BCC 部分)稳定性得到提高。其形成机制是通过两个相邻的(111)面相向移动 1/12 个(111)面间距,如图 1-2 所示。在图 1-2(b)中,平行箭头所指的两个相邻的(111)面上的原子按照垂直箭头所指各自移动 1/12个(111)面间距,从而使两个(111)面合并成一个面,而这一层上的原子密度是未发生移动的原子面的两倍。这样形成的 ω 相[图 1-2(d)]就是 AB_2 型而非 AB 型,在这里 A 和 B 表示的是六角结构的不同的(0001)面或 c 面。在密堆六角结构中,A 层和 B 层的原子数或原子密度是一样的,但在 ω 相结构中,B 层的原子数或原子密度是 A 层的两倍,所以用 AB_2 来表示。ω 相结构虽然是六角结构,但不能与 ABAB 型堆垛的密堆六角(HCP)结构混

为一谈。

尺寸稍大一点的 ω 相形成过程可见图 1-2(e)所示,此图中黄色背景区域是一个具有三个 ω 相单胞大小的 ω 相小晶粒,再大一点的 ω 相晶粒可从图 1-2(f)中看出。这些图揭示的是理想的 ω 相点阵结构的形成,但有时原子的移动并不会这样理想,可能会有些偏离或波动。注意这里的崩塌是非常局部的,范围可能只有几到几十个单胞,而不是整个(111)平面。整个(111)面发生崩塌是不可能的,整个 BCC 晶体也就不可能完全转变为 ω 相。这是一种析出型的相变,也是 ω 相难以长大的原因之一。虽然从 BCC 基体的某些原子面来看,ω 相的点阵与基体的点阵是完全共格的,但并不是整体BCC/ω 界面都能共格,图 1-3 的事例就说明了这一点。崩坍范围越大,也就是 ω 相颗粒越大,ω 相与基体相的界面失配位错就越多,相应的界面能提高,这与由 ω 相的形成从而使整个体系系统自由能降低的趋势相反。淬火ω 相的形成很明显是一种局部位移型无扩散的相变;但在合金中,等温 ω 相的形成则可能与固溶原子的扩散有关,或者与固溶原子的分布不均有关。

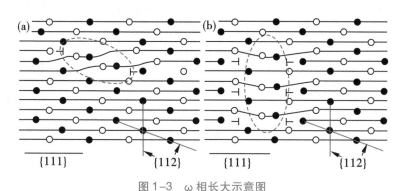

图 1-3 ω 相长大示意图

图中原子是 BCC 沿[110]方向的投影图,黑点和空心圆代表不同(110)面上的原子

根据图 1-2 所示的形成机制,可以在正空间的 BCC 点阵中将 ω 相的原子点阵画出来。图 1-4 是完整 BCC 点阵(2×2×2 个单胞大小),在这个立体点阵中{111}面上的某些原子按照特定的方向(某个<111>方向)移动1/12个(111)面间距,且相邻的两个(111)面上的原子移动方向相反。如图中的红色原子发生移动,红色虚线连接的这些原子就可以在一个平面上且呈等边六角排列,如果把这个红色原子看成是 ω 相点阵中的 B 面的话,则其

上一层或下一层即为 A 面。同时还可以找到与红色原子平面相邻的下一个或上一个平面上未发生任何移动的原子,如绿色虚线连接的六个绿色原子,这六个原子再加上中心位置的原子就可以组成 ω 相点阵的 A 面了,从而形成部分 ω 相点阵。如果扩充 BCC 点阵,则很容易在正空间的 BCC 点阵中得到一个完整的 ω 相点阵。由此可以推出两相之间的几何关系,而无须后面倒易空间的各种分析,即电子衍射分析,但倒易空间的分析反过来可以验证正空间的点阵关系,并以此来说明原子结构模型的正确与否。值得一提的是这里的 ω 相是从 BCC 点阵中形成的,包含在 BCC 点阵中,而本书后面有关碳钢中的 ω-Fe 相是从奥氏体(FCC 点阵)中形成的,ω-Fe 相虽然也与 BCC 点阵共存,但非包含在 BCC 点阵中。

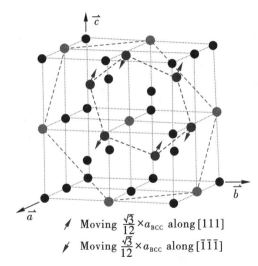

Moving $\frac{\sqrt{3}}{12} \times a_{BCC}$ along [111]

Moving $\frac{\sqrt{3}}{12} \times a_{BCC}$ along [$\bar{1}\bar{1}\bar{1}$]

图 1-4　一个 2×2×2 的 BCC 原子点阵中的部分 ω 点阵

原子发生移动均沿 BCC<111>方向。发生移动的只是红色原子,红色原子的位置是移动后的,其他原子均在原来的 BCC 原子点阵位置上保持不变

第三节　ω 相的形貌特征

由于受两相 BCC/ω 界面能的影响,ω 相往往具有小椭球的三维形状特征,且长轴方向沿 BCC 的<111>方向,整个 ω 相颗粒是躺在 BCC 的{112}面

上,但这种椭球型说法在颗粒较小的情况下并不明显,如此形成的 ω 相的形貌特征可从图 1-5 中看出。ω 相在 BCC 基体中的形态是很小的椭球颗粒,一般在几至几十纳米之间,颗粒度分布并不弥散,且密度较高,颗粒之间的间距一般与颗粒度相当,其独特的分布规律见图 1-5(a)。当纸面为 BCC 的 (112)面时,ω 颗粒只沿 BCC 的<111>方向排列,其长轴方向与<111>方向一致。注意这种特殊的排列方式很容易在其体积百分数比较小的情况下而使 BCC 的某个{112}面上形成大量的 ω 颗粒,一旦这些小颗粒分布密度高,则此处易在整个样品的变形过程中首先发生裂纹。

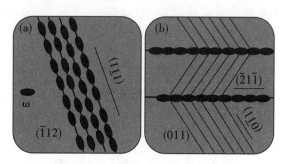

图 1-5　ω 相颗粒分布特征的示意图

（a）ω 颗粒在纸面为 BCC 的{112}面上沿<111>方向;(b)BCC 的{112}<111>型孪晶面上的 ω 颗粒。在 (b)图中,ω 颗粒看似连在一起,实际上是由于前后或上下颗粒在观察方向下的重叠引起的

　　为清楚起见,这里只考虑了一个变体的 ω 颗粒,或者说只考虑了一个 <111>方向。另一个重要特征是 BCC 中的{112}<111>孪晶关系,因为这种孪晶的孪晶界面就是{112}面,所以孪晶界上的 ω 相有可能连成一片,或孪晶界处的 ω 相密度相对较高,如图 1-5(b)所示。看似连在一起(需考虑样品的厚度),但并非一个单晶体,所有 ω 相都保持与母相之间的特殊取向关系。这种椭球形状是非热或无热(athermal)ω 相的普遍特征,但对于在退火过程中形成的等温 ω 相还可能有立方及其他形貌特征,而且退火过程可能使 ω 相的颗粒度变大[8]。因为 ω 相的分布密度高,颗粒度变大未必是单个颗粒的长大,也有可能是几个小颗粒的相互吞并,这是由于所有 ω 相晶粒都与 BCC 基体保持相同的晶体学取向关系,这种吞并实际上并不困难。

　　由于 ω 相颗粒的细小特征,其形貌特征一般只能利用透射电子显微镜进行直接观察。对于特别细小的 ω 相颗粒或淬火 ω 相,其与基体相之间没有明显的化学成分的差异,在电子显微镜的明场模式下,衍射衬度的差别就较小,不易分辨出 ω 相颗粒的大小,所以一般用暗场模式来显示。

图 1-6(a)是一个典型的透射电子显微镜的暗场像,样品为固溶处理后水淬的 Ti-30Nb(wt.%)合金,其 ω 相颗粒度约为十几纳米,因为电镜观察的样品的厚度为几十到几百纳米,在观察方向上存在多数 ω 相颗粒,从而导致二维形貌图像中看似连在一起的假象[9]。图 1-6(b)是与图 1-6(a)对应区域的选区电子衍射谱,在衍射谱中,从中心斑点到 ω 相的(0001)衍射斑点之间的连线应该平行于图 1-6(a)中的<111>方向,但为方便起见,衍射谱图与对应区域发生了一定的偏转。图 1-6(a)的暗场像是利用图 1-6(b)中 ω 相的(0001)衍射斑点所成的像,暗场形貌图像所在的纸面为(112)面,经电子衍射分析那些 ω 相颗粒连成的方向为 BCC 的<111>方向。这需要在电子显微镜中确认,且由图 1-6(a)区域所得到的选区电子衍射谱,在没有发生偏转的情况下才能判定,ω 相的颗粒大小与这种分布特征没有关系。

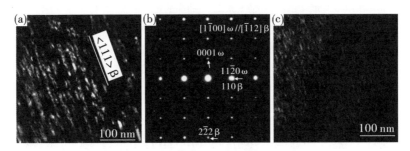

图 1-6 ω 相颗粒分布的电子显微镜观察

(a)ω 相在 Ti-30Nb(wt.%)合金中的暗场像;(b)选区电子衍射谱;(c)ω 相在
Ti-30Nb-3Pd(wt.%)合金中的暗场形貌像[9]

图 1-6(c)是从经过相同热处理的 Ti-30Nb-3Pd(wt.%)合金中观察到的 ω 相,其颗粒度约为 3 nm。ω 相形成在 BCC 的某个{112}面上,长轴方向沿某个<111>方向。对如此细小的 ω 相进行了高分辨点阵条纹像的观察,可以清楚地看出 ω 相的密度、尺寸大小和颗粒间距等,如图 1-7 所示。

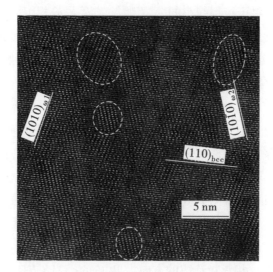

图 1-7　ω 相颗粒分布的高分辨点阵条纹像

此图的选区电子衍射谱对应于下图中<113>方
向。存在两个 ω 相变体,如图中白色虚线所选区域。
可以看出 ω 相的点阵条纹与母相的共格特征。由于
ω 相颗粒非常细小,为确定 ω 相颗粒大小,暗场形貌
像应比较合适,由于共格关系从高分辨像很难确定
两相之间的分界线[5]

第四节　BCC 基体相与 ω 相的晶体学取向关系

　　从 BCC 基体相中形成的 ω 相与基体相之间存在固定的晶体学取向关
系。ω 相不仅可以从 BCC 中形成,也可能从其他晶体学体系中形成,所以本
节只讨论从 BCC 中形成的 ω 相。有关 ω 相的晶体结构的研究主要是利用 X
射线衍射和透射电子显微学方法,对于两相之间的取向关系则是通过极图
分析和电子衍射分析而确定的。

　　图 1-8 列出了三个典型的 BCC 与 ω 相取向关系的电子衍射示意图。
第一排三个电子衍射谱的示意图对应于 BCC 结构的[011],[120]和[$\bar{1}$13]
晶带轴。第二排则是相应晶带轴的 ω 相电子衍射斑点叠加到基体的衍射斑
点上。ω 相的部分衍射斑点与基体(BCC 相)的所有衍射斑点重合,或 BCC
的所有衍射斑点都被 ω 相的衍射斑点覆盖,ω 相的其他衍射斑点均落在

BCC 衍射的 1/3{112} 和 2/3{112} 处，第二排图中只考虑了 ω 相的一个变体。考虑到 ω 相是从 BCC 母相中来，一般来说，沿上述三个 BCC 晶带轴的任一方向，都应观察到 ω 相的两个变体。ω 相与 BCC 三个晶带轴的电子衍射示意图如第三排所示。

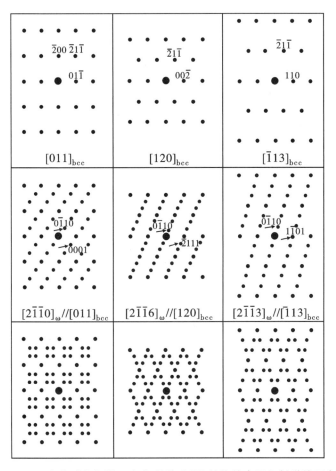

图 1-8 三个典型方向的 ω 相与基体 BCC 结构的电子衍射谱的示意图

还有一个 BCC 与 ω 相取向关系的特征电子衍射谱显示在图 1-6(b)中。由于观察的方向是 BCC 的 <112> 方向，衍射谱中也只出现一个方向的 {111} 面，这个方向观察则只能看到 ω 相的一个变体的衍射谱，或者说，在这个方向下，两个变体的 ω 相的衍射斑点相重合。从这些电子衍射的特征谱，就可以得出 ω 相与 BCC 基体具有如下固定的晶体学取向关系：

$$[111]_{BCC} /\!/ [0001]_{\omega},$$

$$[011]_{BCC} /\!/ [11\bar{2}0]_{\omega},$$

$$[\bar{1}13]_{BCC} /\!/ [2\bar{1}\bar{1}3]_{\omega},$$

$$[120]_{BCC} /\!/ [2\bar{1}\bar{1}6]_{\omega},$$

$$(\bar{2}1\bar{1})_{BCC} /\!/ (1\bar{1}00)_{\omega},$$

$$(111)_{BCC} /\!/ (0001)_{\omega}。$$

由于 BCC 的 {111} 面与 ω 相的 (0001) 面完全重合，从 BCC 的 <111> 方向无法区分 ω 相的衍射斑点，两相的衍射斑点也完全重合。从 BCC 的 <001> 方向看，两相的衍射斑点也完全重合。上述列出的不同取向的关系实际上是一致的，完全可以从一个取向关系推断出其他的取向关系。根据这种严格的晶体学取向关系及完全重合的两相衍射斑点，可以计算出两相之间的点阵常数之间的固定关系，即 $a_{\omega} = \sqrt{2}\,a_{BCC}$；$c_{\omega} = \dfrac{\sqrt{3}}{2}a_{BCC}$。

根据傅里叶变换原则，正空间是体心立方的点阵，倒易空间则为面心立方的点阵排列。由此可以将 BCC 的倒易空间点阵示于图 1-9 中，由蓝色点和虚线表示，在此空间中一个点代表正空间的一个晶面。ω 相与 BCC 倒易点阵之间存在一个明显的特征，就是 ω 相的衍射斑点落在 BCC 衍射的 1/3 {112} 和 2/3 {112} 处，由此可以在相同倒易空间画出相应的 ω 相的衍射斑点位置，见图 1-9 中的红点和红色虚线。如要同时标定 ω 相的倒易点阵指数，则需要取合适的坐标原点，也就是将 ω 相的坐标原点与 BCC 坐标原点重合，这样才能直接标定两相之间的取向关系。这里为了说明方便并没有对 ω 相的衍射斑点进行空间扩展以便找到一个合适两相之间的共同原点。

明白倒易空间中两相之间取向关系的目的是要明白两相在正空间的几何或单胞之间的原子点阵关系，最终目的是明白从 BCC 点阵中形成 ω 相的原子点阵机制，因为倒易空间是一个虚拟空间，不是真实存在的。电子衍射以及两相倒易点阵之间关系的分析都说明 BCC 正空间点阵与 ω 相的正空间原子点阵之间的关系是合理的,而图 1-2 已从根本上给出了 ω 相的形成机制,再去讨论倒易空间的取向关系意义不大。这样的研究同样适用于碳钢中马氏体相变,任何相变包括碳钢中奥氏体与马氏体组织之间取向关系的研究,本质上是探寻正空间或真实空间 FCC 原子点阵如何转变成 BCC 点阵的,或其他点阵之间在正空间的转变。如果能从正空间直接明白 FCC 原子点阵如何转变成 BCC 点阵,那么两相之间取向关系的研究就只是用来验证在正空间中原子点阵之间转变机制是否合理而已。

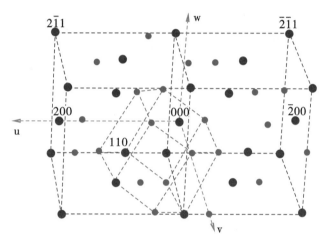

图 1-9　倒易空间中 BCC (蓝点和蓝虚线所示) 与 ω 相
　　　　(红点和红虚线所示) 所对应衍射斑点之间的三
　　　　维关系图

　　所有 BCC 的衍射斑点都被 ω 相的衍射斑点覆盖。u,v,w 表示
这个倒易空间的三个相互垂直的方向。蓝点上面的数字表示该衍
射斑点的标定。由此图可以推断出两相在任意方向的倒易点阵
关系

　　任何两个不同晶体结构之间的晶体学取向关系必须是严格的,如果两个晶体学方向近似平行,即便只差很小的角度,那也不属于平行的取向关系。在很多有关钢铁材料的研究文献中,有关马氏体与奥氏体之间的晶体学取向关系的写法,总存在一个匪夷所思的取向关系的说法,即马氏体与奥氏体之间存在某取向平行的关系,但有很小的角度差,这只能说是近似平行的取向关系,并非真正意义上的晶体学平行取向关系。即便再小的角度差,这两个方向就不再是平行的关系,严格来说,这种取向关系就不存在。

第五节 有序结构 ω 相

从 AB$_2$ 型的六角结构出发，ω 相在(0001)面或 c 面这样的基面上发生合金化成分的差异易导致有序结构的形成，即使固溶原子在每一层上的分布是等同的，但由于基体原子在每一层上就存在两倍的差别，这样的差别会由于固溶原子的存在而变大。简单来说，A 层上原有基体原子 10 个，则 B 层上就应有基体原子 20 个，如果每层上都有 5 个基体原子被固溶原子替换的话，则 B 层上应有基体原子 15 个，A 层上有基体原子 5 个。由于合金化元素的介入，而使 ω 相更容易出现有序化。合金元素介入的有序化，易导致 ω 相结构向其他晶体结构的转变而产生新的合金化合物。这也是碳钢中各种碳化物出现的主要原因，同时也是合金钢中其他晶体结构（金属间化合物相）出现的主要根源。常见的有序结构是 ω 相的 1/2 (0$\bar{1}$10) 处或 BCC 的 1/6{112} 处有一个额外的衍射斑点，这种有序的结构在 β 型黄铜合金中较常见。

第六节 其他 BCC 金属和合金体系中的 ω 相

至今 Ti 和 Zr 合金系中 ω 相的研究仍然是个热点，这是由于 ω 相对力学性能的显著影响及其 ω 相在这些合金中的普遍存在性[5,7,23]。有关 ω 相的研究从最初的发现到现在基本上集中在 Ti 和 Zr 这两个合金体系中[24-26]，其实大多数的 BCC 金属和合金都能形成 ω 相。如 Hf 合金[27]，Ta 合金[20,21]，Cr 合金[28]，单元素金属 Mo[22]，β 黄铜[29-31]，铁基合金（Fe-Ni-Co-Mo）和（Fe-Cr-Ni-Mo）等[32-34]。这些实验事实说明了 ω 相在 BCC 金属和合金中的普遍性。简而言之，当 BCC 晶体点阵出现不稳定时，易形成 ω 相。

β 黄铜（β-Brass，CsCl-B2 结构）是一种 Cu-Zn 合金，含 Zn 量在 35 at. % 以下，室温下一般为 α 固溶体，为 α 黄铜。而 β 黄铜的含 Zn 量一般在 46~50 at. %。在 α 和 β 两者之间的为（α+β）混合组织。与 Ti 合金中相似的 ω 相，不仅在淬火态也在退火态黄铜合金中观察到[29-31]。ω 相的出现被认为是与这些合金中的弹性失稳，剪切常数（shear constant）的软化有关。由于 ω 相颗粒密度大，颗粒细小且与基体共格，所以材料的弹性常数不仅仅与 BCC 的基体有关,还与这种共格的亚稳相有不可分割的联系。这些弹性常数的异常现象在 Ti 和 Zr 这两个 BCC 的合金系中也常观察到。β 黄铜在室温下硬而脆的性能自然与高密度的 ω 相存在必然的联系,这是因为这些合金中 ω 相的颗粒度有时可达几十纳米,而颗粒之间的距离只有几纳米。

在室温下稳定的 BCC 金属中,只有在较严重的变形下才可能出现亚稳 ω 相。室温下稳定的 BCC 金属在图 1-10 中用黄色背景表示。Hsiung[20,21] 等人通过对多晶 Ta, Ta - 2.5W (wt.%), Ta - 10W (wt.%) 及 U - 6Nb (wt.%)实施高压冲击后,发现不仅有孪晶同时还有 ω 相的形成。相似的相变特征在严重变形后的纯 Mo 样品中也被观察到[22]。这些实验结果表明,即使是室温下稳定的 BCC,在外部因素的作用下失去稳定时,ω 相就有可能形成。与这些 ω 相同时形成的还有大量的 BCC{112}<111>型孪晶关系。

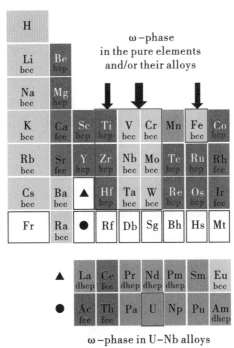

图 1-10 可以形成 ω 相的元素

第七节 ω 相在力学性能方面的影响

有关 ω 相对金属材料力学性能的影响方面的研究也主要集中在 Ti 合金方面。由于 ω 相是在 20 世纪 50 年代发现的,随后的三十年是对其研究的黄金时期,所以有关 ω 相对力学性能的影响也主要集中在那个年代。ω 相的强化作用已成为共识,无论是非热 ω 相还是等温 ω 相都起到很明显的第二相增强基体的作用,但是 ω 相也带来了韧性的降低。奇怪的是断裂表面的微观研究却表明断裂模式是韧性的[35]。

有关 ω 相对材料脆断的研究,在 ω 相被发现之初就已认识到,比较典型的文献应是 Feeney 等人的微观结构对亚稳 β-Ti 合金的强度与韧性及其应力腐蚀裂纹敏感性关系的研究[4],并得出了下列结论:

(1) BCC 加上 ω 相是硬而脆的。

(2)当 ω 相颗粒度超过 10 nm 大小后(具体大小只具有参考意义),断裂韧性达到最小。

(3)断面基本平行于 BCC 基体的 {100} 晶面。

(4)断裂模式从宏观上看类似于解理断裂,但从微观上看,却是类似于韧性断裂。

(5)应力腐蚀裂纹对这种复合结构不敏感。

Bowen [36] 的研究结果给出了基本相似的结论:

(1)在相同体积分数下,样品中有大颗粒的 ω 相更容易发生断裂。

(2)断裂行为符合 Orowan 的高速韧性断裂,而不取决于 Griffith 的断裂能量标准[37]。

实际上,Griffith 的断裂能量标准是基于完全的脆性断裂,而 Orowan 的高速韧性断裂是韧性断裂,只是速度快而已,那么速度快的原因是什么,才是应该思考的问题,这里是否存在一种可能,那就是混合断裂,也就是韧性和脆性的混合断裂,ω 相产生脆性断裂,但基体是韧性的。而由于 ω 相是细小颗粒并且弥散分布在基体中。在断裂过程中,ω 相颗粒大小以及分布也可能发生快速调整而影响断裂机制,比如新 ω 相产生,旧 ω 相转变成基体相,这些都有待进一步的研究。但有一点是肯定的,即颗粒较大的 ω 相必将引起材料的脆断。由于相变速度非常快,上述思路存在一定的合理性。

ω 相的形成有利于强度的显著提高,但却易引起脆断,这样的 ω 相一般指颗粒度在几纳米以上,因为很小的 ω 相不能有效阻止位错的运动,所以几纳米以下的 ω 相对材料的强度和韧性影响不大,这是对很多亚稳 β-Ti 合金研究的共识[38]。对 Ti-30Nb-3Pd 与 Ti-30Nb(wt.%)两个合金的比较研究也说明了很小的 ω 相对强度和韧性的影响很有限[9]。在这些合金中 ω 相往往被看作较硬的第二相,计算也表明 ω 相的弹性模量是基体的两倍左右[36]。

在 Ti-Cr 二元合金中,Chandrasekaran[39] 等人利用扫描电子显微镜(SEM)观察到合金中有等温形成的 ω 相易发生脆断现象,只有非热 ω 相存在的合金则有较好的韧性。这种说法有可能是因为作者忽视了 ω 相颗粒度大小的影响而得出的。一个需要注意的现象是 ω 相是不稳定的,在应力的作用下很容易转变成其他结构,在同样的过程中也许会导致新的 ω 相形成。对于同一个合金,非热 ω 相的颗粒度可能比等温 ω 相小,非常细小的 ω 相对材料的力学性能影响小。在对性能的影响方面,这种形成过程的差别可能还没有颗粒度的差异大。由于应力可以诱导 ω 相的形成,所以有时很难区别哪一个 ω 相是在什么过程中形成的。也就是说,ω 相可能在动态过程中不断形成和消失。

在 ω 相形成的理论研究方面,Sass[40] 和 De Fontaine[3,18,19] 等人分别对 BCC → ω 相变做了不少的理论探讨,主要是用位移波(displacement wave)的理论来解释 ω 相形成的过程,其结果也都支持第 2 节中讨论的相变模型。

第八节　ω 相与 BCC{112}<111>型孪晶关系

在研究这些 BCC 金属和合金中 ω 相的同时,人们往往注意到 BCC{112}<111>型孪晶关系与 ω 相存在密不可分的关联。ω 相可以单独形成于 BCC 的基体相中,但 BCC{112}<111>型孪晶的界面处却难以摆脱 ω 相的存在。按照图 1-2 中的 ω 相形成机制,即 BCC → ω。但由于 ω 相本身也是不稳定相,易发生 ω → BCC 的转变,转变的过程非常容易导致{112}<111>型孪晶结构的出现。

有关{112}<111>型孪晶关系的形成机制目前仍被普遍推行的是切变(图 1-11)和位错两种。但按照切变机制,该孪晶形成的理论切变应力远远大于实际上孪晶形成的切应力,特别值得注意的是该模型至今没有任何充分的理论和实验依据来证明该孪晶结构模型自身的正确性,因为实验上很难观察到与模型一致的孪晶界面结构,实验上的孪晶界面处总免不了 ω 相结构的存在。而位错机制则要求在每个孪晶面上形成一样的孪晶位错,在一定的切应力下,相同的位错能不断产生并能运动到相邻的晶面而保证孪晶的形成和长大。这两个机制之间有个共同点,都需要一定大小的切应力。实际上在一些 FCC 及 BCC 金属和合金中,孪晶的形成甚至不需要切应力。所以说这两种普遍认为的孪晶形成机制都不能被单独或一起用来完美地解释 BCC{112}<111>孪晶关系的形成过程。

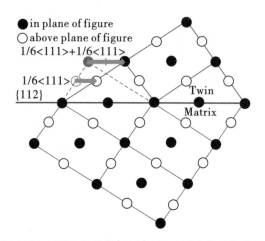

图 1–11 BCC 结构的{112}<111>型孪晶结构模型
这个模型中的箭头所示代表了原子发生切变
而形成这样的孪晶结构。但材料中这种孪晶的形
成过程是否是原子的切变而成,无法验证,这种切
变只是一个假想过程而已。另一个非常重要的问
题是真实材料中是否有这种理想的孪晶结构,至
今未有实验证据

图 1–11 所给出的孪晶形成的示意图只是画出了孪晶形成后的原子位置分布图,而箭头所示的 $a/6[111]$ 大小的切变是典型的不负责任的画法,极具误导作用。原子是否能直接一步到位切变 $a/6[111]$,是无法确定的。孪晶形成在一个完整晶体内部,这样的切变如何发生是上述模型不能解释,也无法回避的。

在没有外力和内部应变的作用下,一个原子移动或切变 $a/6[111]$ 容易呢,还是 $a/12[111]$,或 $a/24[111]$ 更容易是显而易见的事实。这个 BCC

{112}<111>型孪晶形成机制完全可以用 ω 相的逆相变来解释,即 ω 点阵机制。在无位错,无外应力和内应变的情况下,它能完美地解释一个 BCC 的晶体内部一个{112}<111>孪晶关系的形核、生长和终止的全过程,并说明此机制的合理性和现实性。

图 1-12(a)是一个单胞大小(红线所圈区域)的 ω 相在 BCC 基体中的形成过程。ω 相单胞中红箭头的起始位置,也就是虚线所示的圆圈位置是原子位于原来的 BCC 点阵的位置。红箭头的箭头所指位置,也就是实心圆点和实线圆圈,对应于 ω 相结构的原子位置。相邻的两个原子在(112)面上相向移动了 $1/12[11\bar{1}]$(或$\pm1/12[11\bar{1}]$)。图 1-12(b)是表示 BCC 基体中析出一个具有一定大小的 ω 颗粒(界面效应暂未考虑)。当该 ω 颗粒相对于基体变得不稳定,最可能的是该 ω 颗粒发生逆相变,即 ω → BCC 转变回基体结构,如图 1-12(c)所示。如果转变是从该 ω 颗粒的内部发生(与相界面无关,相界面效应无须考虑,也无须考虑 ω 相颗粒的形貌特征),那么原子发生移动的可能就有两种,而这两种的概率是同等的。一种可能就是原子按照原来的路径返回,如图 1-12(c)中的红色箭头所示;另外一种可能性就是原子按照原来的方向继续移动同等的距离。从 ω 颗粒内部看,第二种可能转变的结果也是 BCC 结构,但从该 ω 颗粒的外部看,相对于原来的基体来说,这一转变就形成了孪晶结构,如图 1-12(d)所示,这样孪晶就已完成了它的形核阶段。在此并不需要外部应力、内部应变或位错等,这种转变的驱动力可以来源于基体与析出相的自由能的差别。当材料经历温度或成分的变化时,这种微区上的差别总是存在的。在一个 BCC 的晶粒中,由于高密度细小的 ω 颗粒无处不在,而且 BCC 与 ω 之间可以快速地相互相变,{112}<111>孪晶的生长可以是这种转变的直接结果,孪晶两端的终止同样与 ω 颗粒相关[5,41,42]。

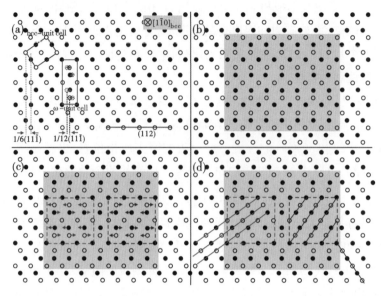

图 1-12 一个{112}<111>孪晶形核于一个 ω 相颗粒内部的示意图

该 ω 相颗粒外部为 BCC 原子点阵。(a) 沿 BCC [1\bar{1}0] 方向投影的原子点阵图,该图中画出了一个理想的 ω 相单胞及一个 BCC 单胞。(b) 一个 ω 相颗粒在 BCC 基体中的原子结构投影图,这个颗粒通过 BCC→ω 的相变而成。(c) 在这个 ω 相颗粒内部,无须考虑颗粒外部的 BCC 点阵,发生了先前的逆相变,即 ω→BCC。此时发生相变的原子移动方向有两种,非左即右。(d) 通过相变回到 BCC 点阵的部分有两种组态,一种是与 ω 相颗粒外部的 BCC 点阵一致,融合进原来的 BCC 点阵;另一则是与 ω 相颗粒外部的 BCC 点阵成一个{112}<111>型孪晶结构关系[5]

以上的 BCC{112}<111>型孪晶关系的形核、长大和终止的过程统称为该孪晶形成的 ω 点阵机制。整个过程与位错、外部应力及内部应变都无关,BCC{112}<111>型孪晶关系是一个完全的逆相变(严格来说,是 ω → BCC 相变)的产物。母相 BCC(奥氏体相)在冷却的过程中发生马氏体相变而生成的产物(ω 相),在样品继续冷却的过程中,奥氏体相和马氏体 ω 相的自由能都在随温度的降低而减少,但各自减少的速率可能不一样,当某些 ω 相颗粒的自由能比奥氏体母相高时,这部分马氏体 ω 相就可能发生逆转变,也就是现在的马氏体 ω 相转变回 BCC 的奥氏体母相。这种自由能的变化可如图 1-13 所示(这里讨论的马氏体是非热 ω 相,奥氏体是指 BCC 母相)。

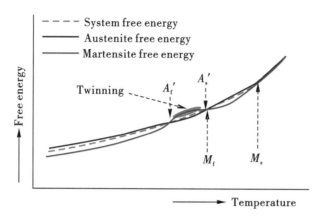

图 1-13　针对 BCC 体系发生 ω 相变的自由能变化的示意图

A 表示奥氏体,M 表示马氏体。这里的马氏体是指 ω 相,奥
氏体是指 BCC 基体相。M_s—马氏体转变的开始温度,M_f—马
氏体转变完成的温度,A_s'—发生马氏体逆相变的开始温度,A_f'
— 发生马氏体逆相变的完成温度。所有的曲线都是随温度的
升高自由能升高这样一个基本规则

　　合金在自然冷却的过程中,整个体系的自由能随温度的下降而降低(虚线),但马氏体相变可能在某个温度(M_s)发生,此时系统中出现新相,变成了两相(奥氏体和马氏体)体系。随温度的降低,这两相各自的自由能的变化趋势未必相同,蓝线表示奥氏体的自由能变化曲线,红线则表示马氏体的自由能变化曲线。在某个温度上,这两者自由能的摩尔分数之和应与系统的自由能一致。马氏体相变可以在某个温度(M_f)完成。随温度的继续降低,马氏体和奥氏体自由能的大小有可能发生逆转,从而导致马氏体相对于母相奥氏体来说,变得不稳定,这时可能会发生马氏体逆相变,变回奥氏体相。逆相变的开始温度和完成温度分别用 A_s' 和 A_f' 来表示。A_s' 可以与 M_f 相等,也可以比 M_f 大或小。孪晶则是这种逆相变的一种产物,如图中 A_s' 和 A_f' 之间的阴影部分所示,在该区域内孪晶形核长大和终止。孪晶的形成可被看作是一种体系能量调节过程的产物,这里与变形毫无关联,变形过程可能会促进孪晶的长大。对于马氏体相来说,基体的孪晶也就是基体结构,不存在结构上的差异,此时部分不稳定的马氏体相转变完了,在奥氏体母相中出现了孪晶界,这些孪晶界可能储存了马氏体相对于奥氏体过多的能量,从而使马氏体本身的能量再次小于奥氏体,而达到相对稳定。注意,图中各线上任

意温度所对应的自由能都低于比该温度高一点处相应的自由能。有关这种能量变化关系的一个具体实例已在相关论文中详细论述[41]。孪晶未必是上述逆相变的唯一产物,因为 ω 相可能会转变成其他结构,常见的如六角结构和正交结构,在合金中则有可能转变成合金化合物(金属间化合物)[33],这取决于合金体系和杂质元素等因素。在马氏体钢中,由于碳的存在,非热 ω 相在低温回火过程中可能转化为渗碳体等碳化物。

目前已在很多的 BCC 金属和合金中观察到非热 ω 相的形成,可以说非热 ω 相是 BCC 体系中一个普遍的亚稳马氏体相。实验观察到的 {112}<111>型孪晶关系总是和 ω 相共存,一个独立于 ω 相的{112}<111>型孪晶至今未见实验报道。由于孪晶界也可能诱导 ω 相的形成,从而使人们一直误认为孪晶的形成与 ω 相没有关系。较早的计算结果说明,如果原子在{112}<111>孪晶界上按照"硬球模型"排列的话,则孪晶界能量较高,变得不稳定,需要发生一定的原子弛豫,弛豫后的原子排列与孪晶界上的 ω 相点阵非常接近[43,44]。这些都说明孪晶和 ω 相存在很密切的关系。既然孪晶诱导 ω 相无助于建立可以理解的孪晶形成机制,那就没有任何理由能够阻止我们反过来思考{112}<111>型孪晶关系是由非热 ω 相诱导而产生的。需要进一步说明的是 ω 相有两种,一种是上面所说的非热 ω 相;另一种则是等温 ω 相。因为等温 ω 相通常是在通过对快冷样品进行退火处理时形成的,而这样的等温 ω 相的形成一般认为是扩散控制的形核与长大过程,不易在随后的冷却过程中发生逆相变,所以说{112}<111>型孪晶的形核与这样的等温 ω 相基本无关,但孪晶界可以是等温 ω 相的形核位置,等温 ω 相可能会对孪晶的长大和终止起一定的作用,但不应与孪晶形核有关。

BCC{112}<111>型孪晶关系形成的 ω 点阵机制可以很好地解释以下现象:

(1)晶内{112}<111>型孪晶关系。

最早观察到马氏体钢中的{112}<111>型孪晶关系,其相当一部分的{112}<111>型孪晶关系是分布在一个马氏体组织的内部的。由于这样的孪晶关系只在晶体内,其形成的原因并非任何外部变形;同样,这样的孪晶关系形成后也不会使原来的晶体有任何的外部变形。说明{112}<111>型孪晶关系是比较特殊的,或者说,晶体在无变形时,内部就可能产生{112}<111>型孪晶关系。

(2){112}<111>型孪晶关系的形成可以与位错、应力和应变无关。

　　这可以从理论上解释层错能高的晶体体系反而容易形成{112}<111>型孪晶关系。同时也可以理解 BCC 中很难形成层错的原因,以及{112}<111>型孪晶关系的形成与层错无关。剪切机制和位错模型并不适用于所有孪晶关系的形成。

　　(3)材料的性能与{112}<111>型孪晶关系之间的联系并不紧密。

　　因为{112}<111>型孪晶关系只是马氏体逆相变的附属产品,如果不考虑 ω 相的存在,那么孪晶结构本身并没有特别的物理性能(一个晶体相对于另一个同样结构的晶体以孪晶面为对称面旋转 180° 即成孪晶,相对空间取向的变化应该不会带来特别的物理性能),也不一定在力学性能上有特别之处(孪晶界可以看成特殊晶界而已),孪晶马氏体钢就是一个现实的事例。反而{112}<111>型孪晶关系越多,马氏体钢变得更脆(同时,这一点也说明了不能将所有的孪晶关系都看成是变形的一种可能模式)。

　　(4)马氏体相变与{112}<111>型孪晶关系形成的相似之处。

　　一直认为钢中的马氏体相变原理与{112}<111>型孪晶关系的形成机制之间存在很多相似之处,这是由于{112}<111>型孪晶关系本身就是相变的产物,或者说相变和{112}<111>孪晶关系的形成过程是分不开的,但由于人们无法观察到相变过程,也看不到这种孪晶关系的形成过程,但却看到孪晶关系的存在及其特征,所以很多对相变的描述实际上都可以用来说明孪晶关系的形成过程,反过来对{112}<111>孪晶关系形成的正确理解有助于窥见钢中马氏体相变的本质,在后面的讨论中将看到这种孪晶关系实际上是碳钢中马氏体相变的自然产物。

　　非常细小 ω 相与微观结构的其他特征存在着必然的联系,同时也明显影响材料的外部性能,但由于其非常细小,往往在研究中得不到足够的重视,甚至被直接忽视。金属材料的性质与其晶格结构有极大的联系,晶格类型相同的金属,一般在性质上也有其共性。具有体心立方晶格的金属一般比较硬,延展性较差。但纯铁的韧性却很好,可以冷轧成非常薄的薄片材料,所以这里的说法只是针对一般现象。具有面心立方晶格或者密排六方晶格的金属材料,质地柔软,具有良好的延展性和塑性。具有面心立方晶格结构的 Al 和 Cu 以及具有密排六方晶格结构的 Mg 和 Zn,比体心立方晶格结构的纯 Fe 具有更好的柔韧性、延展性和塑性。这些共性主要是因为原子排列的方式不同,但在体心立方中,还要考虑到加工过程可能形成的 ω 相的析出硬化效应。由于 ω 相在体心立方金属和合金中的普遍存在,对它的研究将具有显著的科学和社会经济意义,这是因为钢铁中也普遍存在类似的亚稳相。

▲◀ 本章小结 ▶▲

与面心立方结构的材料不一样,体心立方结构的金属和合金中易形成分布密度高且颗粒细小的第二相:ω 相。由于 ω 相的高密度及其在 BCC 母相中的特殊分布特征(分布在 BCC 的{112}面上),对材料力学性能具有显著的影响,主要是强度增强而韧性降低,易发生脆断。ω 相与 BCC{112}<111>型孪晶关系的共存,即该孪晶关系是 ω↔BCC 相变的产物。这里一直用孪晶关系来说明是因为实验上至今未观察到这样的孪晶体,本书有关孪晶特征的讨论只针对 BCC{112}<111>型孪晶关系。

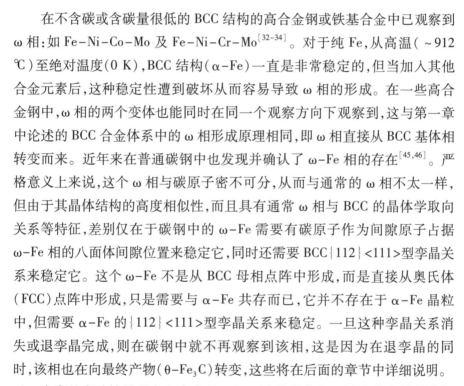

第二章
碳钢中的 ω-Fe 相

在不含碳或含碳量很低的 BCC 结构的高合金钢或铁基合金中已观察到 ω 相:如 Fe-Ni-Co-Mo 及 Fe-Ni-Cr-Mo[32-34]。对于纯 Fe,从高温(~912 ℃)至绝对温度(0 K),BCC 结构(α-Fe)一直是非常稳定的,但当加入其他合金元素后,这种稳定性遭到破坏从而容易导致 ω 相的形成。在一些高合金钢中,ω 相的两个变体也能同时在同一个观察方向下观察到,这与第一章中论述的 BCC 合金体系中的 ω 相形成原理相同,即 ω 相直接从 BCC 基体相转变而来。近年来在普通碳钢中也发现并确认了 ω-Fe 相的存在[45,46]。严格意义上来说,这个 ω 相与碳原子密不可分,从而与通常的 ω 相不太一样,但由于其晶体结构的高度相似性,而且具有通常 ω 相与 BCC 的晶体学取向关系等特征,差别仅在于碳钢中的 ω-Fe 需要有碳原子作为间隙原子占据 ω-Fe 相的八面体间隙位置来稳定它,同时还需要 BCC{112}<111>型孪晶关系来稳定它。这个 ω-Fe 不是从 BCC 母相点阵中形成,而是直接从奥氏体(FCC)点阵中形成,只是需要与 α-Fe 共存而已,它并不存在于 α-Fe 晶粒中,但需要 α-Fe 的{112}<111>型孪晶关系来稳定。一旦这种孪晶关系消失或退孪晶完成,则在碳钢中就不再观察到该相,这是因为在退孪晶的同时,该相也在向最终产物(θ-Fe₃C)转变,这些将在后面的章节中详细说明。

本章的实验结果基本上来自 Fe-C 二元模型合金。无论碳含量的多与少,BCC{112}<111>型孪晶关系总是可以在淬火态的碳钢组织中观察到,并且无论是孪晶结构的基体部分还是孪晶部分都是由 1 ~ 2 nm 大小的 α-Fe 细小晶粒构成。由于固态-固态相变的原因,这些细小的 α-Fe 晶粒都是从同一母相(奥氏体)大晶粒中通过相变而成。相对于母相而言,在同一个马氏体组织中它们具有几乎相同的晶体学取向分布(取向偏差远小于 1 度),从而导致这些细小的 α-Fe 晶粒在电子衍射谱中呈现出单晶体的衍射特征,而非随机取向晶粒的衍射圆环。孪晶界面处存在同样细小晶粒的新型亚稳

ω-Fe 相,该相具有六角结构,其点阵常数为 $a_{\omega-Fe} = \sqrt{2}\, a_{\alpha-Fe}$;$c_\omega = \dfrac{\sqrt{3}}{2}\, a_{\alpha-Fe}$。该相与其密不可分的 α-Fe 之间存在特殊的取向关系,与第一章中分析的 BCC-ω 之间的晶体学取向关系相同,这种特征普遍存在于淬火态碳钢孪晶马氏体组织中。氮钢中的孪晶马氏体组织基本也是这样,但又有所差别。这种差别来自于碳原子和氮原子对 ω-Fe 相的稳定性不一样而导致的。有关氮原子对 ω-Fe 相的影响将不会在本书中详细探讨,这是由于相关研究仍在深入进行中。

在低碳 Fe-0.05C 淬火态样品中,同样存在大量的 BCC{112}<111>型孪晶马氏体组织,与高碳马氏体相比,其亚结构特征无本质上的差别,只有尺寸大小的差别。在相同淬火条件下,低碳所对应的马氏体相变开始温度(M_s)点高,而高碳的 M_s 点低。在 M_s 点处首先形成的孪晶马氏体组织,其后在整个试样冷却至室温的过程中不可避免地经历了自回火而引起退孪晶,退孪晶过程实际上是细小晶粒再结晶的过程。由于一般对微观组织的观察是在室温条件下进行的,所观察样品中的马氏体组织实际上已经经历了自回火的过程。在超高碳合金中,M_s 点低,自回火过程的影响不明显,从而退孪晶行为不明显,最初的马氏体组织特征得以保留,即孪晶马氏体组织。因此超高碳钢中的马氏体组织亚结构是最接近马氏体相变的最初产物,即 BCC{112}<111>型孪晶关系加上孪晶界面处的 ω-Fe 相,两相均为细小晶粒。而在室温下观察到的各种碳钢组态,其形成过程与马氏体孪晶组织的退孪晶行为密不可分。没有任何一种碳钢组织可以在回火过程中转变成孪晶马氏体组织,但孪晶马氏体组织在回火过程中可向任一碳钢组织转变。

淬火态样品中的 ω-Fe 相一般是以非常细小晶粒(1~2 nm)形式存在,回火会向碳化物转变,并形成碳化物小颗粒,这里的颗粒不一定是一个晶粒,有可能包含数个小晶粒,通俗来说,几个小晶粒聚合在一起就只能称为颗粒而非晶粒。这种现象会在讨论渗碳体颗粒时或渗碳体颗粒粗化时常见。

第一节　超高碳钢淬火态马氏体中
BCC{112}<111>型孪晶关系

高碳(一般指 C:0.8~1.0 wt.%)及超高碳(C ≥ 1.0 wt.%)合金中淬

火态马氏体组织的亚结构(精细结构)为孪晶是毋庸置疑的。从图 1-11 中可看出,孪晶组织自然由孪晶界面及界面两侧的基体晶体和相对应的具有孪晶关系的孪晶晶体部分组成。如果孪晶界面上没有任何别的结构存在的话(理想孪晶),则该孪晶体是由单相组成;如果孪晶界面处存在第二相,则该孪晶组织就是一个多相组织,晶体学上以及微观结构分析方面就自然不能称该孪晶组织为一个相或一个孪晶体。如果马氏体是由前一种孪晶体构成,则可称该马氏体为马氏体相;如果马氏体是由那些孪晶界面上存在第二相的孪晶组织组成的,则只能称这样的马氏体为马氏体组织,而非马氏体相。基于透射电镜的观察,图 2-1 中给出了超高碳孪晶马氏体组织的一般形貌特征、孪晶关系的形貌及其对应的选区电子衍射谱[47]。

在低倍电镜下观察某个马氏体组织区域,有时不能说是完全的马氏体组织,非常有可能在该区域中包含残余奥氏体,而且这些残余奥氏体可能会呈现细小薄片的形貌特征,当薄片很薄时就很难从形貌上与马氏体孪晶组织区别,必须通过电子衍射和暗场分析加以区分。夹在马氏体组织之间的残余奥氏体组织的形成机制很简单,由于固态相变特征,从一个奥氏体晶粒中形成的若干马氏体组织与原来的奥氏体之间必然存在固定的晶体学取向关系。如果两个相邻的马氏体组织(也即同一种变体)与母相的取向关系一样,这两个相邻的马氏体组织如果非常接近(如图 2-2 所示),那么这两个马氏体组织之间的残余奥氏体就呈现薄片状,而非常接近的两个马氏体组织在低倍电镜下可能会被看成是一个马氏体组织。因为是同一种变体,即晶体学方向完全一致,在电镜观察中,无论哪一个方向都显示一样的衍射衬度。这些残余奥氏体片层厚度不等,有些可以薄至几纳米,因此在分析选区电子衍射谱的特征时需要关注是否含有奥氏体的贡献。

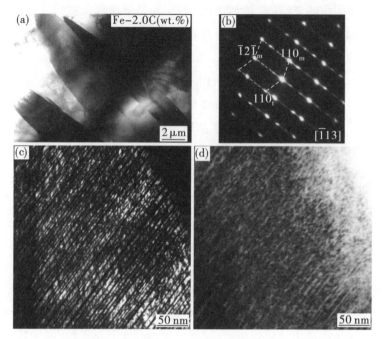

图 2-1　超高碳淬火态马氏体组织中的 BCC{112} <111>型孪晶亚结构

(a)低倍电镜明场形貌像,马氏体组织为典型的透镜状或片状;(b)来自于
马氏体组织的选区电子衍射谱;(c)和(d)分别为马氏体组织中孪晶结构的暗
场和明场像。孪晶密度相当高,孪晶片层只有几纳米厚。在如此高密度的情
形下,再由于孪晶界面处的 ω-Fe(C)相细小晶粒的存在,从明场形貌像很难清
楚地显示孪晶特征[47]

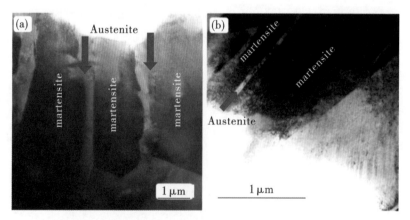

图 2-2　超高碳钢淬火态中马氏体组织与残余奥氏体相共存特征的电镜明场形貌像

(a)马氏体组织之间较宽的奥氏体片层;(b)较薄的奥氏体片

通过图 2-1(b)中的电子衍射斑点可以看出,斑点基本是沿<112>*衍射斑点的方向拉长,这说明拉长的原因是孪晶片层变得很薄。增加碳含量可以使这些孪晶片层变薄,为何碳含量会影响孪晶片层厚度或孪晶密度,至今未有定论。而且文献中有关孪晶是什么结构的说法也不一致,但多数都是指 BCC 孪晶。由于 X 射线衍射结果认为高碳马氏体是体心四方结构(BCT),有关马氏体组织晶体结构的认识一直以来比较混乱。图 2-3 给出了超高碳淬火态马氏体组织中几个典型的选区电子衍射谱,这些衍射谱无论如何都无法标定成体心四方的结构。

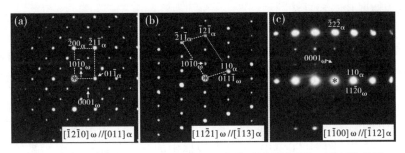

图 2-3 淬火态超高碳孪晶马氏体组织中典型晶带轴的选区电子衍射谱

根据 X 射线衍射的结果[48-58],淬火态碳钢中随碳含量的增加,BCT 马氏体的 c 轴长度在明显增加,但 a 轴却在减小,并利用大量实验数据的统计平均法推断它们与碳含量的关系大致如下:$c/a \sim 1 + 0.045C(wt.\%)$(通过统计平均方法确定晶体结构的点阵常数是否可取还有待商榷)。当碳含量为 1.6 wt.% 时,取 $a = b = 2.86$ Å 时,则 $c \approx 3.066$ Å,与 a 值差约为0.206 Å。该点阵常数的差异在一般的电子衍射谱中应能明显地分开。如果电子衍射谱中只有单一的 α-Fe 晶带轴电子衍射斑点,这样大小的差异则可能由于测量的误差而被忽略,从而误把 BCC 的电子衍射谱归纳于所谓的 BCT 结构。但由于高碳下马氏体的精细结构是孪晶,电子衍射往往给出孪晶关系的衍射花样(两套一样的电子衍射谱组成的特殊花样)而非单一的 α-Fe 晶带轴电子衍射谱,用上述 BCT 参数计算的电子衍射谱则无法给出与实验一致的孪晶衍射花样。如果不是利用孪晶衍射花样而只用一套 BCC 的衍射谱确实很难确定是 BCC 还是 BCT,这是由于电子衍射的人工测量误差大于上述两种晶体结构之间的差别造成的,但孪晶是一个由两套衍射斑点组成的特殊衍射花样,无须直接测量,只用肉眼观察就可以判定。

　　为确认电子衍射是否能体现出上述点阵常数的差异,图2-4给出了计算所得的 BCC (a = 2.86 Å)和 BCT (a = b = 2.86 Å, c = 3.066 Å)沿[110]晶带轴方向的电子衍射斑点花样,这里只考虑衍射斑点的位置,未考虑动力学衍射效应的衍射斑点的强度或大小[59]。从图2-4(a)中可以看出,BCT 与 BCC 的差异应该能在电子衍射谱中体现出来,因为从与(004)衍射斑点所在的那一纵向排列的衍射斑点可以看出,BCC 和 BCT 的(004)衍射斑点是可以明显区分的。当衍射斑点与中心斑点的距离增加,则会使这种差异放大。因此,在淬火后的 Fe-1.6C(wt.%)合金中有无 BCT 相,应该可以利用电子衍射技术来直接判定。

　　无论碳含量的高低,所得孪晶关系的结构特征一致[图2-4(b)],不存在任何差异。用以上讨论的 BCT 结构的点阵参数得出的孪晶衍射花样应如图2-4(c)所示。比较图2-4(b)和2-4(c),只有图2-4(b)才与电镜观察到的实验结果相吻合。为方便比较图2-4(b)和2-4(c)的不同之处,在图2-4(b)中所画的红虚线中来自于基体和孪晶的三个衍射斑点是完全重合的,而在对应的图2-4(c)中,黑色虚线框中的三个基体与三个孪晶的衍射斑点是无法重合的,而且相距较远,在电子衍射谱中应是能够分辨的。用 BCC 和 BCT 的[101]方向做电子衍射分析,得到的结论是相同的。

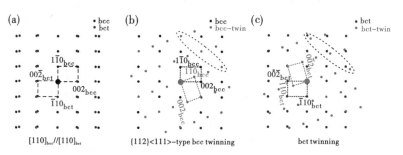

图2-4　计算的 BCC 和 BCT 沿[110]晶带轴的电子衍射斑点示意图

　　(a) BCC 点阵常数取 a = 2.86 Å,而 BCT 的点阵常数取 a = b = 2.86 Å, c = 3.066 Å;(b) BCC 的{112}<111>型孪晶沿[110]方向;(c) BCT 的{112}<111>型孪晶沿[110]方向[59]

　　即便取点阵参数为 a = b = 2.86 Å, c = 2.90 Å,也就是 c/a ~ 1 + 0.014C(wt.%)的 BCT 结构。图2-4所示的差别也应能在电子衍射谱中分辨出来。要形成 BCC 的{112}<111>型孪晶结构的电子衍射谱的花样,其晶体结构需要满足比较精确的 BCC 结构特征,如果任一轴向的点阵常数存在差异,就不可能形成 {112}<111>型孪晶衍射花样,一定要注意"花样(Pattern)"二字,尽量包含更多的衍射斑点,不能只用几个靠近中心斑点的衍射斑点来说明问题。反之,只要有这样的孪晶存在就必定有 BCC 相存在,这里的 BCC 相就是 α-Fe。电子显微观察和电子衍射分析的结果表明,淬火态的高碳钢中,孪晶关系确为 BCC(α-Fe)的 {112}<111>型。试图假设马氏体组织中既有 α-Fe 孪晶也有 BCT 孪晶结构存在的,必须要说明碳原子为什么会有选择性地固溶于 α-Fe 的理由。这一小节内容只说明淬火态孪晶马氏体组织中的孪晶只能是 BCC 的孪晶,利用电子衍射方法无法确定孪晶关系是 BCT 的孪晶,而且这样的孪晶关系特征与碳含量的多与少无关。

第二节 孪晶马氏体组织中的 ω-Fe 相

对淬火态孪晶马氏体组织的电子衍射谱的研究发现,从中心斑点到 {112} 衍射斑点的 1/3 和 2/3 处总出现额外的衍射斑点[60]。最初注意到这些额外衍射斑点的研究人员将之认定为 BCC{112}<111>型孪晶的二次衍射斑点[61],孪晶马氏体组织被认为是一个单相组织的看法是与早期的 X 射线衍射结果的推论一致,因此一直未有人质疑过,反而加以论证。但无论如何,那些论证也是基于 BCC α-Fe 的孪晶结构而非 BCT 孪晶。要确定微小区域的晶体结构,电子衍射是目前唯一的技术手段。通常的做法是对同一区域通过倾转样品而得到不同取向的电子衍射谱,再重构出三维衍射空间的电子衍射斑点的分布,从中选出最小的构造单元以便确定正空间的晶体结构。那些认定淬火态碳钢马氏体组织中只是 BCC 孪晶的,需要考虑一下碳原子。对于纯铁,无论如何都不可能得到这样的孪晶,除非纯铁不纯。但只要加入少量的碳原子,就很容易出现大量的孪晶关系,所以必须考虑碳原子的影响和存在。

对于孪晶界面上的 ω-Fe 相的确定实际上要简单得多[62]。根据傅里叶变换原理,正空间为 FCC 的点阵分布,对应的倒易空间为 BCC,反之亦然。正空间为简单六角的点阵排列,倒易空间也为简单六角。因此,根据图 2-3(a)中的电子衍射谱就可以推断出 ω-Fe 相的结构。图 2-3(a)中的基本衍射斑点来自于 BCC 结构的 α-Fe,则倒易点阵排列为 FCC[如图 2-5(a)]。在图 2-5(a)中确定某个点为透射斑点,再从透射斑点找到对应的 {112} 衍射斑点,从而在这两个斑点之间的 1/3 和 2/3 处画上两个点[如图 2-5(b)中的红色斑点]。将图 2-5(b)中的所有斑点等同对待,可以发现除原来的 α-Fe 基本衍射斑点外,还可以构建出一个六角关系的倒易点阵[如图 2-5(c)中绿色连线所示]。那么对应正空间就多出一个六角结构的晶体学相,即 ω-Fe 相。而这个六角的倒易点阵可以覆盖所有的衍射斑点,即意味着这个六角相与 α-Fe 的重合关系。再根据图 2-3 中的电子衍射斑点之间的关系可以确定 ω-Fe 相与 α-Fe 相之间的点阵常数。

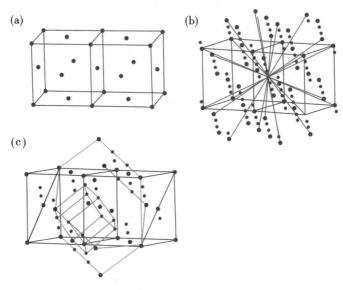

图 2-5 倒易空间 ω-Fe 晶体结构的确定

(a)根据傅里叶变换原理,正空间为 BCC 点阵排列,在倒易空间中则为 FCC 点阵排列;(b)将图 2-3 中 1/3{112}和 2/3{112}处的衍射斑点画入(a)中所得,在此首先确定任一斑点为衍射谱中的中心斑点,而后找到相应的{112}衍射斑点;(c)考虑所有斑点,则可画出一个六角结构的倒易点阵,所有衍射斑点均可以通过平移这个六角的倒易点阵而成。

由于在淬火态碳钢孪晶马氏体中观察到的 ω-Fe 相与 α-Fe 相之间的电子衍射谱,与第一章中介绍的 ω 相极其相似,只是 ω 相变体个数的差异。在第一章中介绍的 ω 相往往可以在一个方向下同时观察到两个 ω 相变体的衍射斑点,而在碳钢孪晶马氏体组织中却永远只能观察到一个变体。但这并不是两种 ω 相的晶体结构上的差异,而是两种 ω 相的形成机制的不同。由

此可以确定 ω-Fe 相的晶体结构如图 1-1(a)所示,以及相关的点阵常数为:

$$a_{\omega-Fe} = \sqrt{2}\, a_{\alpha-Fe}\, ; c_{\omega-Fe} = \frac{\sqrt{3}}{2}\, a_{\alpha-Fe}$$

至此可以通过大量电镜观察结果来验证上述 ω-Fe 相的正确性。孪晶结构的二次衍射效应无论如何都无法解释图 2-3(c)中衍射斑点的特征,更无法解释碳原子的行为。如果想要证明那些 ω-Fe 相所对应的衍射斑点来自于孪晶的二次衍射,则首先需要获得这种孪晶存在的实验证据。在上一章中已经说明,至今没有观察到现实材料中存在这种理想的孪晶体。试图将孪晶界面上的 ω-Fe 相归咎于孪晶界面的重叠效应,则必须找到不重叠的孪晶界面结构来加以佐证。

因为 ω-Fe 相所对应的衍射斑点是严格位于 α-Fe{222}衍射斑点的1/3和2/3 处,因此这些斑点也无法标定为残余奥氏体。通过电子衍射谱来确定这种 ω-Fe 相的结构本身不是很难的,但由于早先的 X 射线衍射已假定淬火态马氏体是一个 BCT 相,而有关淬火态马氏体的基础研究基本上是通过 X 射线和光学显微镜完成的。电子显微技术得以发展成一个普遍使用的研究手段已经是很晚的事了。所有确定这种 ω-Fe 相存在的困难实际上都源于这种相所具有的非常细小的晶粒度,如此细小以至于难以被一般分析技术显示出来,这也是其难以被相关研究人员接受的根本原因。

第三节 ω-Fe 相的形貌特征与分布

无论是碳钢还是氮钢,只要是淬火态孪晶马氏体组织,必定可以观察到位于孪晶界面区域的 ω-Fe 相,如图 2-6,且其颗粒度大小只有 1～2 nm。无论从马氏体组织的哪一个晶体学方向观察,ω-Fe 相均显示这种非常细小的颗粒特征,而且与碳含量或氮含量的多与少无关,如图 2-7。

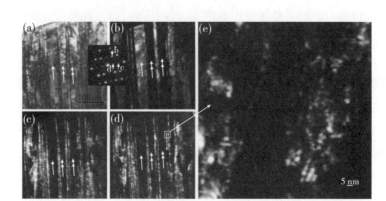

图 2-6 高氮钢中孪晶马氏体中的 ω-Fe 相的形貌特征与分布

为清楚起见,这里选用了回火态的高氮钢样品中的孪晶马氏体组织。(a)孪晶马氏体组织的明场形貌像;(b)~(d)为相应的暗场像。在电子衍射谱中,位于 1/3{112} 和 2/3{112} 处的 ω-Fe 相衍射斑点是不与 α-Fe 的衍射斑点相重合的,因此可以利用这两个斑点得到其相应的暗场像。很明显,ω-Fe 相小晶粒位于孪晶界面处;(e) ω-Fe 相小晶粒暗场像的放大像[68]

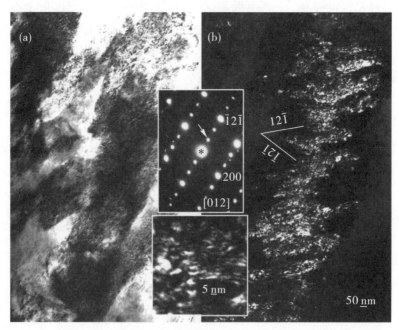

图 2-7 碳钢淬火态马氏体中孪晶界面与电子束方向不平行时的电镜分析[5,46]

对于二元 Fe-C 合金,几乎看不到大一点的 ω-Fe 相晶粒或颗粒[63-68]。从孪晶结构的某<112>方向观察会发现这些 ω-Fe 相晶粒会在这个{112}面上沿着某<111>方向排列,如图 2-8。这些特征分布与第一章的 ω 相颗粒既有相似之处,但又有区别。相似的地方是:①晶体结构相似;②细小颗粒;③孪晶界面上都存在。但第一章中的 ω 相颗粒不仅在孪晶界面上存在,同时也存在于其他任何地方,这是由于 BCC 中形成的 ω 相晶粒只是取决于 BCC 母相点阵。ω-Fe 相颗粒单一变体的出现以及只分布于孪晶界面处说明这个 ω-Fe 相不是直接从 BCC 的 α-Fe 中形成,而是直接从母相 γ-Fe 中形成,具体形成机制将在第四章中详细讨论。

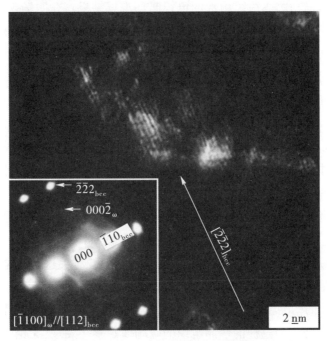

图 2-8 高氮钢中沿某个<112>方向观察的 ω-Fe 相晶粒分布的暗场形貌像

ω-Fe 相晶粒非常细小,而且尺度分布均匀,在{112}面上的某

个<111>方向上连成一线[68]

这种 ω-Fe 相晶粒位于 α-Fe 孪晶界面处的特征普遍存在于淬火态碳钢或氮钢孪晶马氏体组织中,即便是超低碳含量的合金中,淬火态孪晶马氏体组织同样很容易观察到[67,69,70]。在碳钢组织中,至今没有观察到图 1-11 模型所示的理想孪晶结构,即 BCC{112}<111>型孪晶界面上什么也没有的孪

晶结构。换句话说,在实际材料中,特别是在淬火态碳钢马氏体组织中,孪晶界面上总是存在第二相结构,即 ω-Fe 相[5,69]。

第四节 孪晶马氏体组织中基体及孪晶部分的亚结构特征

已经确认孪晶马氏体组织中存在第二相,ω-Fe 相晶粒,并且只位于孪晶界面处。对淬火态超高碳孪晶马氏体组织的详细观察表明,孪晶结构的基体部分和相对应的孪晶部分同样是由非常细小的 α-Fe 晶粒构成,见图2-9,该图为孪晶马氏体组织内部的电镜暗场观察结果。在明场模式下,这些孪晶结构显示出非常均匀的衍射衬度,并无任何位错特征,位错存在于 1 ~ 2 nm大小的 α-Fe 晶粒中是无法理解的。通过暗场观察并将暗场像仔细放大,可以明显看出无论是孪晶组织的基体部分还是对应的孪晶部分,实际上均由非常细小的晶粒构成,由于样品是 Fe-C 二元合金,自然这些细小的晶粒只能是 α-Fe 晶粒,而且粒度非常均匀,基本都是 1 ~ 2 nm 大小。这种细小 α-Fe 晶粒的特征无论从孪晶马氏体组织的哪一个方向观察都是一样,这与图2-7 中 ω-Fe 相所显示的细小颗粒特征一致,这也是孪晶二次衍射所无法解释和理解的。

这种奇特的亚结构特征是从未报道过的,无论哪种相变机制实际上都不能解释一个大晶粒的奥氏体转变成无穷多细小晶粒的 α-Fe,几个纳米的α-Fe 晶粒是不可能通过现有相变机制来解释的。有关这种非常细小晶粒的形成机制将在第四章的讨论中加以详细说明。随碳含量增加,淬火态马氏体组织中的孪晶密度增加,自然孪晶片层的厚度降低。这些片层厚度有时仅 ~ 2 nm 厚。对这样的孪晶组织的暗场像观察会发现,无论哪里都显示出非常细小的颗粒衬度。如此细小晶粒自然导致马氏体组织区域中存在大量的 α-Fe 晶粒之间的亚晶界,从而导致相变后的体积膨胀效应以及马氏体组织的脆断行为。

所有淬火态孪晶马氏体组织的电镜观察都给出这种亚结构特征,无论是基体部分还是相对应的孪晶部分均为细小晶粒的 α-Fe。如果碳含量很低,淬火态样品中形成的孪晶马氏体组织在样品冷到室温时已经经历了自回火过程,在这个过程中细小晶粒的粗化或再结晶已经发生,因此在有些低碳合金中可能会观察到稍大一些的 α-Fe 晶粒,不足为奇。在高氮钢中,由于氮原子比碳原子更能稳定 ω–Fe 相,意味着氮钢中的 ω–Fe 相发生转变需要更高的回火温度。因此在回火后的氮钢孪晶马氏体组织中,基体和孪晶部分的 α–Fe 细小晶粒已经发生粗化或再结晶,而孪晶界面处的 ω–Fe 相还未发生转变,孪晶结构依然保留是非常可能的[68]。孪晶结构以及 ω–Fe 相的稳定性如何,需要根据具体合金元素来讨论。

图 2-9　室温下观察到的淬火态 Fe-1.6 C(wt.%)孪晶马氏体组织亚结构

(a)基体部分的电镜暗场像;(b)与基体相对应的孪晶
部分的电镜暗场像;(c)为(a)中相应部位的放大像。这种
细小颗粒的衍射衬度无论在哪一个晶体学方向下都可以观
察到

对淬火态孪晶马氏体组织的大量实验观察可以简单总结在图 2-10 中。整体孪晶马氏体组织是由非常细小的 α–Fe 晶粒组成,由于固态相变的原

因,这些细小晶粒在同一个马氏体组织中都具有几乎相同的晶体学取向,因此在电子衍射谱中呈现出类似单晶的电子衍射花样,同时这也是 X 射线衍射峰宽的一个主要因素。孪晶界面区域存在大量的 ω-Fe 相晶粒,其细小晶粒度与其周围的 α-Fe 小晶粒度相当。这些实验结果表明碳原子与孪晶界面结构两者一起稳定了 ω-Fe 相,ω-Fe 相与碳原子反过来一起稳定孪晶界面结构,在 Fe-C 二元合金中,相互稳定,相互依存。失去一方,另一方将不复存在。孪晶结构消失,则 ω-Fe 相发生转变或 ω-Fe 相结构消失。同样 ω-Fe 相结构消失,孪晶结构也不复存在,即退孪晶。但这里的相互稳定也不是绝对的,以后可能会发现某些元素会更加稳定 ω-Fe 相,即便孪晶结构消失了,ω-Fe 相也许会单独保留。

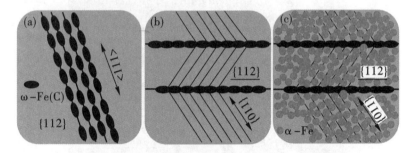

图 2-10　室温下观察到的淬火态 Fe-C 合金中孪晶马氏体组织亚结构特征

(a)当 BCC{112}<111>型孪晶的孪晶面与纸面一致时,ω-Fe 相小晶粒的分布
特征,即沿该面上的某一个<111>方向排列;(b)当孪晶面垂直于纸面时,ω-Fe 相小
晶粒只分布在孪晶界面处;(c)考虑基体及孪晶部分的 α-Fe 同样为细小晶粒时的孪
晶亚结构

　　对这一部分亚结构的认识非常重要,是理解碳钢中各种相变和组织形成机制以及淬火态碳钢组织所引起各种现象的关键部分。淬火态的样品中一般含有大量的 BCC{112}<111>型孪晶关系,但这些孪晶的宽度一般随碳含量的增加而变小,密度却随碳含量的增加而增加,有关碳含量的多与少为何会如此影响孪晶组织的上述特征将在后面的章节中详细探讨和说明。

　　与 BCC 金属和合金中的 ω 相比,ω-Fe 相的晶粒或颗粒度非常细小,几乎是最小的金属相晶粒,这种晶粒度很小本身也说明了这种结构的不稳定性。对于 BCC 金属和合金中的 ω 相来说,有些 ω 相的颗粒度可以达到几十纳米或更大一些,因此利用 X 射线衍射技术可以测量到,但对如此细小的

ω-Fe 相来说却很难。虽然从电镜照片的结果来看,似乎 ω-Fe 相的晶粒很多,但这些只是局部区域的观察,对于整个大块样品来说,其体积百分比仍是非常小的。两个原因使得 X 射线衍射技术很难测量 ω-Fe 相:①晶粒度极细小;②体积百分比低。在这两个因素中,第一个因素尤为重要。而在碳钢中,后面的章节会详细介绍 ω-Fe 相晶粒度不可能变大,在其粗化的过程中会立即转变成渗碳体颗粒。

观察电镜样品时,电镜样品的最薄区域的厚度一般是几纳米,因此沿观察方向就必然存在细小的 ω-Fe 相颗粒相重合,又由于基体相与 ω-Fe 相都是铁原子,即便有碳原子固溶于 ω-Fe 相的间隙位置,由于碳是轻元素,不能在电镜明场模式下引起足够大的衍射衬度差异,因此在电镜明场像中很难看出 ω-Fe 相颗粒的特征与分布,对这种相的形貌研究往往需要利用电镜的暗场模式,并同时需要调整好物镜像散。由于晶粒度太小,如果电镜的物镜像散消除不好,即便是在电镜的暗场模式下也不易看出这种细小颗粒的衬度。

在利用高分辨技术观察 ω-Fe 相的结构特征同样遇到这个细小颗粒度的问题,即该相颗粒会在观察方向上与 α-Fe 相以及同样的 ω-Fe 相颗粒相重合,如图 2-11 所示[71]。由于高分辨点阵条纹实际上也是在明场模式下观察,再加上 ω-Fe 相与其周边的 α-Fe 相存在特殊的取向关系,以及该相颗粒本身在其分布区域的高密度,在高分辨点阵条纹像中很难区分单独的颗粒,即 ω-Fe/α-Fe 界面或 ω-Fe/ω-Fe 界面很难界定或分辨。在高分辨点阵条纹像上有可能一大片区域都显示的好像是 ω-Fe 相的点阵条纹或 α-Fe 相的点阵条纹,从而误以为这个 ω-Fe 相颗粒很大,其实不然。要判断这些细小颗粒的颗粒度,暗场形貌像是比较精确的一个选择,简单明了,分辨能力高。有些文献中将电镜暗场像观察到的这种 ω-Fe 相颗粒误认为是渗碳体碳化物或残余奥氏体相,颗粒如此细小确实给确定这种颗粒的本质带来了诸多困难。如果不是在某些特定取向观察这些细小颗粒,确实很难确定这些细小颗粒的衍射斑点的归属。而对于在高碳或超高碳的孪晶马氏体进行高分辨观察时,往往不是很容易看出孪晶晶体部分的区域或点阵条纹像,整个高分辨图像中似乎只有一个取向的单晶体晶粒,如图 2-11(c)和(d)所示。这是由于孪晶晶体部分变窄,加上孪晶界面区域高密度的 ω-Fe 相颗粒的存在,如图 2-12 所示,这种特征在以 BCC 为母相的体系中也很常见(这里的 ω-Fe 相并不是从 α-Fe 相中形成的,因此 α-Fe 相不能称为 ω-Fe 相的母相或基体相)。再由于两相之间的点阵共格,条纹一致,所以在高分辨点阵条纹像上难以清楚地看出孪晶晶体部分。这实际上接近于退孪晶的后期过程,也就是说孪晶晶体部分已变窄,接近消失的过程,有关退孪晶过程将在后面章节中详细讨论。

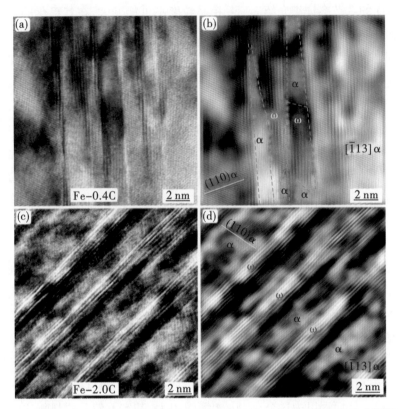

图 2-11　淬火态孪晶马氏体组织中 BCC{112}<111>孪晶界面的高分辨电镜观察

Fe-0.4C 样品中的(a)原始高分辨和(b)经傅里叶变换再变换后的高分辨像。Fe-2.0C 样品中的(c)原始高分辨和(d)经傅里叶变换再变换后的高分辨像[71]

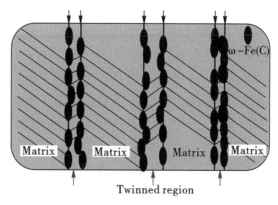

图 2-12　与图 2-11(d)相对应的结构示意图
上方箭头所指为孪晶界面,下方箭头所指为孪晶晶体部分

▶ 本章小结 ◀

从极低碳至极高碳的 Fe-C 二元合金的淬火态样品中都可以观察到孪晶马氏体组织,而且这些孪晶马氏体组织的亚结构都相似,与碳含量的多与少无关。碳含量的高低只影响孪晶马氏体组织的体积百分比,并不能影响孪晶马氏体组织的本质特性。低碳中由于马氏体相变温度高,同时发生的自回火过程已使大部分孪晶结构发生了退孪晶行为,从而形成 α-Fe 相晶粒与碳化物颗粒的各种各样的组态。这一退孪晶过程本身就是 α-Fe 相细小晶粒的粗化或再结晶,从而产生大量亚晶界(有些文献中称之为位错)于 α-Fe 相中。因此在低碳(对应的 M_s 点较高)的碳钢中不易观察到孪晶组织,而随碳含量的增加(对应于 M_s 点的降低),孪晶密度越来越高。超高碳淬火态马氏体组织中,孪晶密度非常高,孪晶片层厚度只有数个纳米,且孪晶基本为平直状,而非低碳中孪晶界面所显示的是弯曲界面形态。这是由于高碳或超高碳的马氏体组织形成温度低,随后的自回火过程对这种马氏体组织未有显著的影响,也即孪晶未发生明显的退孪晶行为。

淬火态高碳马氏体组织内部存在丰富的亚结构,但主要是孪晶界面 ω-Fe 相的存在,碳钢中迄今未解的难题与这种普遍存在的 ω-Fe 相有着密切的关系:

(1)孪晶马氏体组织中细小 α-Fe 和 ω-Fe 相晶粒特征是淬火硬化的根

本原因,也是马氏体相变后体积膨胀、淬火裂纹以及马氏体组织脆断的根本原因,同时也是碳钢的复杂组织形成的直接原因。

(2)ω-Fe 相与碳钢中的｛112｝<111>孪晶关系存在不可分割的关系。

(3)ω-Fe 相是正确理解钢中典型的 FCC → BCC 相变的关键。

ω 相已是大多数 BCC 金属和合金中普遍存在的亚稳相,碳钢中的那些问题实际上也是很多 BCC 金属和合金共同具有的,为何 BCC 体系的金属和合金一般要比较硬,其原因可能与 ω 相的形成有着密不可分的关系。在碳钢中 ω-Fe 相尽管不是从 BCC 基体相中形成的,但当 ω-Fe 相出现后,其与 α-Fe 的各种关联是与在 BCC 基体相中析出 ω 相的情形非常相似,在外部力学性能上的体现也基本相同,属于析出强化型的第二相。

第三章
ω-Fe 相的电子衍射谱

由于 ω-Fe 相晶粒非常细小(1~2 nm),在电镜观察中无法从单个的 ω-Fe 晶粒本身得到其完整电子衍射谱。对于一个已知的晶体结构,结合一些商业软件可以做相关的电子衍射谱的计算,从而可以与实验得出的电子衍射谱进行比较研究[72]。前面已经给出 ω-Fe 相的晶体结构以及原子位置和点阵常数,从而可以直接计算出不同晶体学方向或晶带轴所对应的电子衍射谱。通过计算出来的 ω-Fe 相电子衍射谱,更易明白碳钢中 ω-Fe 相深藏不露的原因。由于软件计算结果自动采用三指数标定六角结构的衍射谱,这一章也随计算结果采用三指数而非一般的四指数来标定六角结构 ω-Fe 相的电子衍射谱。对所有方向进行计算并且对照实验的结果显得不太现实,本章中只选出一些实验上典型的电子衍射谱,对此进行计算和比较。

在淬火态孪晶马氏体组织中,电子衍射谱中往往包含 α-Fe 相的电子衍射斑点和其相应的孪晶衍射斑点及可能的二次衍射斑点,计算的电子衍射谱也说明这三种衍射斑点的组合往往与 ω-Fe 相的某个晶带轴的衍射斑点完全一致或重合,从而使得 ω-Fe 相的存在很难被确认。但是,在与理想孪晶界面平面平行方向下获得的电子衍射谱中,不应该出现明显的二次衍射斑点,因此可以通过实验确认这个方向下的电子衍射谱来证明 ω-Fe 相的存在。一般判定二次衍射斑点的方法是通过转动样品,在样品转动过程中,观察二次衍射斑点是否随着某一套衍射斑点的减弱而消失。而且二次衍射斑点的强弱与样品的厚薄相关,在厚的地方,二次衍射相对较强,在薄的地方则相对较弱。在最薄处,应该不存在明显的二次衍射。本节中通过对孪晶结构的极图分析同时给出一种简单的实验操作方法,以便快速获得垂直于孪晶界面平面的某个特定的<112>方向的电子衍射谱,并说明最初将 ω-Fe 相的电子衍射斑点归咎于孪晶的二次衍射效应的考虑是过于简单化的处理。由于将 ω-Fe 相的电子衍射斑点简单地看成是孪晶的二次衍射斑点,从而引起很多基本常识及对一些实验现象解释上的混乱,因此本章将对有关孪晶二次衍射一般特征进行一些简单讨论。

与第一章中介绍的 BCC 点阵内部存在 ω 相细小颗粒不一样,虽然这里的 ω-Fe 与 α-Fe 保持着一样的第一章中已介绍的 ω/BCC 晶体学取向关系,但 ω-Fe 相并不是包含在 α-Fe 相晶粒内部,而是独立于 α-Fe 相,但又保持那种特殊的晶体学取向关系。从第二章中的有关马氏体亚结构也可以看出,两相(α-Fe,ω-Fe)都是 1~2 nm 大小的晶粒,晶粒与晶粒之间自然存在晶界或亚晶界面。两相都是直接从奥氏体相中独立形成,但两相之间存在特别的关系,这种关系将在第四章中重点解释。

第一节　ω-Fe 的[110]晶带轴的电子衍射谱

ω-Fe 相的晶体学单胞内有三个 Fe 原子,见图 3-1(a),其原子位置分别为:

$$(0\ 0\ 0)$$

$$(\frac{1}{3}\ \frac{2}{3}\ \frac{1}{2})$$

$$(\frac{2}{3}\ \frac{1}{3}\ \frac{1}{2})$$

ω-Fe 相的点阵常数与相应的 α-Fe 点阵存在下列对应关系:

$$a_{\omega\text{-Fe}} = \sqrt{2}\,a_{\alpha\text{-Fe}}$$

$$c_{\omega\text{-Fe}} = \frac{\sqrt{3}}{2}\,a_{\alpha\text{-Fe}}$$

空间群为 $D_{6h}{}^1$($P6/mmm$),这些晶体结构的参数均取自于第一章中介绍的 ω 相相关的参数,但如此细小颗粒状的 ω-Fe 相,其空间群很难从实验上确定,还有待理论上的确定,现在只是暂且用 ω-Ti 相的空间群来描述。

本章的计算将取 $a_{\alpha\text{-Fe}} = 2.852$ Å,由于上述特殊的点阵常数之间的关系,这个点阵常数具体是多少并不会影响 ω-Fe 和 α-Fe 相之间的电子衍射谱的比较。需要特别注意的是,一个只有 1~2 nm 大小的细小晶体,谈它的晶体学对称性有点困难,一般尺寸比较大的晶体才能够具有明显的对称性,这将会给理论计算带来一点影响。这个六角结构的 ω-Fe 本身不可能长大,只要尺寸变大一点点就会发生结构转变,将在第六章中详细探讨。

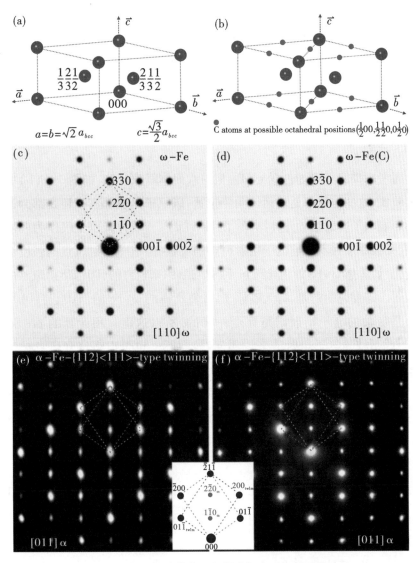

图 3-1　ω-Fe 相计算电子衍射谱与实验衍射谱的比较

（a）ω-Fe 相单胞的原子结构示意图；（b）红点所示为可能的八面体位置；（c）计算的理想 ω-Fe 相的电子衍射谱；（d）计算的包含碳原子的 ω-Fe 相的电子衍射谱；（e）和（f）为实验的电子衍射谱,分别来自于孪晶界面平面平行和倾斜于电子束方向[72]

首先计算理想的 ω-Fe 的[110]晶带轴的电子衍射谱[图 3-1(c)]，其中$(1\bar{1}0)$和$(2\bar{2}0)$衍射斑点应为消光斑点，也即理论上不应该出现的斑点。这样的消光斑点在实验上往往会以弱斑点出现，由于观察的样品存在一定的厚度，使得电子发生多重衍射而造成。但在计算的衍射谱上也出现微弱的斑点，这是由于计算本身考虑了动力学效应，类似于实际样品具有一定的厚度。如果在计算软件中，将这种与厚度相关的参数调小，就可以比较这些弱斑点的有无。

再考虑碳原子可能占据 ω-Fe 相的八面体间隙位置，如图 3-1(b)中的红点位置，这些位置都是八面体间隙位置，碳原子是全部占据还是部分占据都不影响电子衍射谱的计算结果[图 3-1(d)]。因为碳原子仅作为间隙原子，有无碳原子并不影响电子衍射斑点的位置，但电子衍射斑点的强度会发生变化，如理想 ω-Fe 的消光斑点不再消光，原来较强的(001)衍射斑点的强度减弱。需要说明的是，有无碳原子，计算所得的 ω-Fe 的[110]与[010]这两个晶带轴的电子衍射谱是完全一样的，所以这里只用计算的 ω-Fe 的[110]晶带轴的电子衍射谱来说明问题，实际上也可以将这套斑点标定为 ω-Fe 的[010]晶带轴，这个[010]晶带轴就可以与实验衍射谱的标定一致。这里没有考虑 ω-Fe 相与 α-Fe 相的固定取向关系，也就是没有将这些电子衍射的标定统一起来。也许有人会用 ω-Fe 的[110]晶带轴来标定图 3-1(e)，但也许有人用 ω-Fe 的[010]晶带轴来标定它，本书其他章节中用 ω-Fe 的[010]晶带轴很常见。

对于六角结构，三指数标定方向时，ω-Fe 的[110]与[010]是等同的。在三指数与四指数之间存在如下的转换关系。

晶向指数或晶带轴方向：

[U V W] → [u v t w]

其中 U = u-t, V = v-t, W = w

u = (2U-V)/3, v = (2V-U)/3, t =-(u + v) =-(U + V)/3

晶面指数：

(h k l) → (h k i l), (i =-(h +k))

计算的与实验的电子衍射谱[图 3-1(e)和(f)]比较，而且两者之间的衍射斑点的位置一样，这两个实验的电子衍射谱是从同一孪晶马氏体组织而来，只是拍摄的方向不一样。第一个[图 3-1(e)]是电子束的方向平行于孪晶界面平面,第二个[图 3-1(f)]是电子束的方向与孪晶界面平面存在一定的夹角,既不平行也不垂直。实验衍射谱的标定见两者之间的插图所示,计算的 ω-Fe 相的电子衍射谱与实验的 α-Fe 相孪晶结构的电子衍射谱非常相似,但要等同还需要各衍射斑点所对应的晶面间距相等才行。

　　表 3-1 和表 3-2 分别列出理想 ω-Fe 和 α-Fe 相的部分面间距的计算值。此时需要将 ω-Fe 的[110]晶带轴中电子衍射斑点所对应面间距从表 3-1 中找出来,而后与相应 α-Fe 的衍射斑点及面间距对照。结果发现,图 3-1(c)和(d)中计算的 ω-Fe 电子衍射谱与实验观察到的孪晶马氏体组织中相应的面间距分别与图 3-1(e)和(f)一一对应且完全吻合。对于图 3-1(e)和(f),以往一般认为是由 α-Fe、α-Fe 的孪晶以及可能的孪晶二次衍射三者所构成的,现在看来这三者组成的电子衍射花样却被一个单相 ω-Fe 的某一晶带轴的电子衍射花样完全覆盖或重合。因此只从 ω-Fe 的[110]或[010]这两个晶带轴方向看,一个 ω-Fe 的所有衍射斑点与三套(α-Fe 相,α-Fe 相的孪晶,可能的孪晶二次衍射)衍射斑点之和完全相重合,即仅凭在这样的方向所得到的电子衍射斑点,确实不足以证明 ω-Fe 相的存在。

　　比较表 3-2 中计算所得的 α-Fe 的各个晶面间距值,这些 α-Fe 的晶面间距值都能在表 3-1 中找到相等的 ω-Fe 的晶面间距,说明在 X 射线的衍射中,所有 α-Fe 的衍射峰均与 ω-Fe 相应的衍射峰完全重合,虽然 ω-Fe 相可以给出更多的衍射峰,但由于晶粒细小和较低的体积百分比,那些与 α-Fe 不相重合的 ω-Fe 衍射峰在 X 射线衍射测量中很难明显地显示出来,所以通过 X 射线衍射技术几乎不可能探测到 ω-Fe 相的存在。即使 ω-Fe 相颗粒如此细小,但由于电子衍射技术早已经成熟,足够用来确定一个物相的晶体结构和分布特征。

表 3-1 根据理想的 ω-Fe 结构计算的晶面间距值(相同的面间距下有多个不同的晶面)

d-spacing (Å)	Plane	d-spacing (Å)	Plane
3.493	010	1.320	210
	1̄10	1.235	002
	100	1.164	11̄2̄
2.470	001		01̄2
2.017	01̄1		1̄02
	1̄01		1̄12
	101		012
	11̄1		102
	1̄11		1̄31̄
	011		211̄
2.016	1̄20		2̄31̄
	21̄0		31̄1̄
	110		2̄31
1.746	2̄20		121̄
	020		1̄31
	200		3̄21
1.562	1̄21̄		211
	111̄		31̄1
	2̄11		32̄1
	1̄21		121
	111		030
	21̄1		3̄30
1.426	22̄1		300
	201̄	1.053	1̄1̄2
	2̄21		12̄2
	02̄1		21̄2
	201		2̄12
	021		1̄22
1.320	2̄30		112
	1̄30		03̄1
	120		031
	31̄0		33̄1
	32̄0		012

表 3-2　根据 α-Fe 结构计算的晶面间距值

d-spacing (Å)	Plane
2.852	100
2.017	110
1.647	111
1.426	200
1.275	120
1.164	112
1.008	220

第二节　ω-Fe 的其他晶带轴的电子衍射谱

对孪晶马氏体组织的电镜观察中,上一节的几个电子衍射谱比较常见,但还有一些在电子衍射实验中也很容易观察到。图 3-2 中的第一排为计算所得的理想 ω-Fe 相的电子衍射谱,第二排为实验观察到的淬火态碳钢中孪晶马氏体组织中的选区电子衍射谱。简而言之,碳钢孪晶马氏体组织中多数方向的电子衍射谱都能与单一 ω-Fe 相的电子衍射谱完全重合,而这些实验上的电子衍射谱确实也可以由三套衍射斑点来标定,这三套衍射斑点分别是 α-Fe 的衍射斑点和与之对应的孪晶衍射斑点以及两者之间可能的二次衍射斑点,因此这个 ω-Fe 相就被掩盖了,很难被发现或承认。在图 3-2 中的第二排的实验电子衍射谱中,ω-Fe 相的 $(1\bar{1}0)$ 和 $(2\bar{2}0)$ 衍射斑点的相对强度明显比相应的计算结果强很多,这是由于实验衍射谱不是来源于单纯的 ω-Fe 相,而是两相复合。这种特殊取向关系下的两相共存的结果会引起多种散射,从而会使理论上的 ω-Fe 相的 $(1\bar{1}0)$ 和 $(2\bar{2}0)$ 衍射斑点得以加强。

一般来说两个晶体之间的二次衍射斑点往往很弱,通常可以通过倾转样品让其中一套衍射斑点消失或减弱,也就是使那个晶体尽量不产生一套完整的电子衍射斑点,此时则不应该出现二次衍射斑点,这种倾转方法目的只是一个粗略的实验判定。当孪晶界面平面垂直于观察方向或电子束方向,此时孪晶结构的两部分,α-Fe 基体及其孪晶部分,其给出的电子衍射谱

均为 α-Fe 单晶体的某一个<112>方向的衍射谱,而且两部分(孪晶晶体部分和基体晶体部分)单独给出的电子衍射谱是一模一样的,无论如何也不应该从这个方向(孪晶界面平面垂直于观察方向或电子束方向)下出现孪晶的二次衍射斑点,因此需要对孪晶界面上有无 ω-Fe 相进行该方向下的电子衍射谱的计算并与实验结果比较。

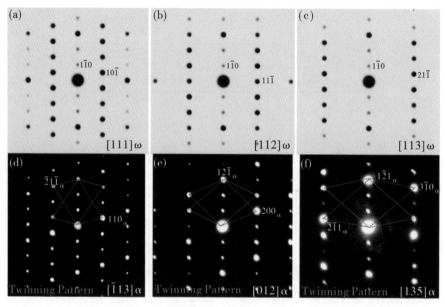

图 3-2 计算的 ω-Fe 相关晶带轴的电子衍射谱以及实验上从淬火态碳钢孪晶马氏体组织中观察到的选区电子衍射谱的比较[72]

在图 3-3 中给出了碳钢孪晶马氏体组织的原子结构示意图[图 3-3 (a)],在这个图中孪晶界面处为 ω-Fe 相。在计算孪晶结构电子衍射谱的过程中同时也考虑了理想的孪晶结构模型,即孪晶界面上什么也没有。需要强调的是图 1-11 中的孪晶结构仅仅是理想的原子模型,但是否与实际材料中的孪晶结构一致,没有人验证过,或者说这种理想孪晶界面结构至今未有相关的实验证据。无论如何,在此对这两种孪晶界面特征都将进行讨论和验证,并将这两种孪晶界面结构特征示于图 3-3(b)中。图 3-3 中呈现了 ω-Fe 相和 α-Fe 相的原子结构之间的关系,同时也表示了正空间中或实际材料中两相之间的关系,这两个相各自独立,都是独立形成于奥氏体结构,但又存在特定的取向关系。不能说 ω-Fe 相形成于 α-Fe 相,反之亦然。也就是说,两相之间有取向关系,但无从属关系。这是与第一章中介绍的从 BCC 母相中形成的 ω 相的不同之处。

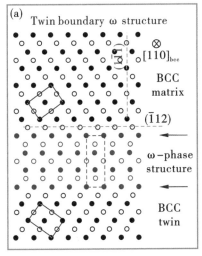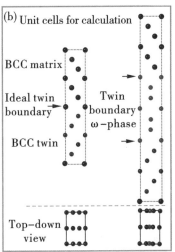

图 3-3　孪晶界面模型

(a)碳钢淬火态孪晶马氏体组织中{112}<111>型孪晶界面上 ω-Fe 相的原子结构示意图,(b)计算所采用的两种(左:理想的孪晶界面;右:孪晶界面上存在 ω-Fe 相)界面结构原子模型或超单胞[72]

　　针对这两种孪晶界面结构,计算的电子衍射谱分别示于图 3-4 的第一排。这两个图均是以 α-Fe 的某一个<112>方向平行于观察方向或电子束方向,可以看出,理想孪晶界面结构只给出一套单一的<112>晶带轴的电子衍射斑点,但孪晶界面上存在 ω-Fe 相的计算结果却显示出另外一套 ω-Fe 相的衍射斑点。实验结果见图 3-4 的第二排。在实验观察中,碳钢中同一个孪晶马氏体组织可以给出上述两种不同方向的电子衍射谱,当孪晶界面平面垂直于电子束方向则必然观察到图 3-4(d)的电子衍射花样,也即存在 ω-Fe 相的衍射斑点或 ω-Fe 相的存在。由于实际材料中,ω-Fe 相的体积百分数远小于 α-Fe,因此两者一起的电子衍射斑点的强度上就有明显的差异,弱的更弱,强的更强。

　　在两个计算的孪晶界面电子衍射谱中,观察方向都是与孪晶界面平面垂直,都可以用相同的晶带轴方向表示。图 3-4(c)和(d)实际上是从孪晶马氏体组织中不同<112>方向观察到的电子衍射谱,严格来说,晶带轴的标定不应写成一样。而这里写成一样只是为了方便与计算的电子衍射谱比较。

　　在实际材料中,并没有观察到理想的孪晶界面结构,孪晶界面上总是存

在 ω-Fe 相,但这两种电子衍射谱却都在实验中观察到了。在实际的孪晶马氏体组织中并不是所有<112>方向下都可以看到 ω-Fe 相的电子衍射斑点,或者说并不是所有{112}面都是孪晶界面平面。在孪晶马氏体的某些<112>方向下确实看不到 ω-Fe 相的电子衍射斑点,或者说 ω-Fe 相的电子衍射斑点在这些方向下完全与 α-Fe 相的电子衍射斑点重合,这些方向并不与孪晶界面平面垂直,而是呈一定夹角,后面的有关理想孪晶结构的极图分析可以帮助说明这个问题。某些方向下看不到 ω-Fe 相的电子衍射斑点,这并不重要,至关重要的是可以在孪晶马氏体组织的某个<112>方向下看到 ω-Fe 相的电子衍射斑点,说明孪晶界面结构存在第二相是真实的。

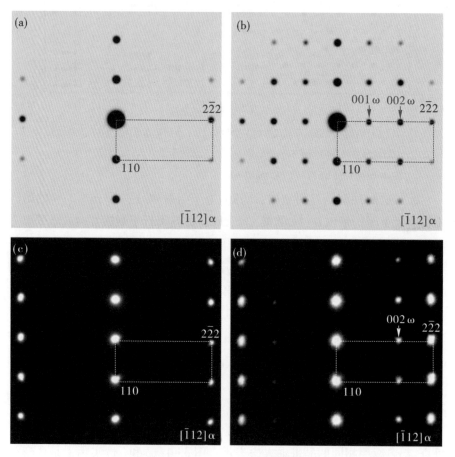

图 3-4　<112>方向电子衍射谱

(a) 计算的理想孪晶界面结构的电子衍射谱;(b) 计算的孪晶界面上存在 ω-Fe 相的电子衍射谱;(c) 和(d)是从孪晶马氏体组织中不同<112>方向观察到的电子衍射谱[72]

从 α-Fe 的某一个<110>方向计算理想孪晶界面结构的电子衍射谱见图 3-5。当计算软件的饱和强度值设在 100 点时,可以看出孪晶界面结构中没有图 3-5(b)中的二次衍射斑点。这个饱和强度点值越高意味着计算所涉及的单胞数越多或对应的样品越厚。随饱和强度的设定点值愈来愈大,出现了一些弱斑点。这些弱斑点可以说成是二次衍射,但也可能是来自于软件计算过程中单胞的周期性带来的非本质性的斑点。对于图 3-4(a)来说,如果增加计算中的强度点值,则会在 $1/3(2\bar{2}2)$ 和 $2/3(2\bar{2}2)$ 处慢慢出现弱斑点,从而导致与图 3-4(b)相似的衍射花样出现。而这一结果显然与理论不符。因为在图 3-3(b)中的理想孪晶界面结构条件下,无论样品的厚薄,在垂直于孪晶界面平面的电子衍射谱是绝无可能出现二次衍射的额外衍射斑点的。但计算过程中,如果将计算软件的饱和强度点值设高一些,就会出现那些额外斑点,这说明软件本身在周期性重复计算的过程中会引进一些非真实的斑点。在实验上,为了避免样品厚度带来的多重衍射效应,一般在样品比较薄的区域获得所需要的电子衍射谱。

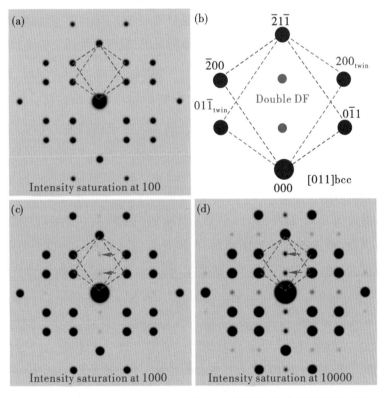

图3-5　根据图 3-3(b)中理想的孪晶界面结构计算所得的某个
<110>方向的电子衍射谱

即便认可为二次衍射的斑点,比较图3-1中的实验结果可以发现,计算的二次衍射斑点的强度应该非常微弱,这可从衍射斑点的大小做一个简单定性的比较。但实验上的那些对应斑点的强度却很强,强到可以与主衍射斑点比较。这些结果都说明,将实验上得到的那些弱衍射斑点全部归咎于孪晶结构的二次衍射是缺乏足够理论依据的。完全解释这些实验的结果就必须加上一个ω-Fe 相,而且这个ω-Fe 相只在孪晶的界面处。因此对图3-1中的(e)和(f)两张实验电子衍射谱的正确解释为:α-Fe [011]方向孪晶衍射加上ω-Fe 相的衍射,也即孪晶马氏体为α-Fe,且与只在孪晶界面处的ω-Fe 共存。

第三节　理想的 BCC{112}<111>孪晶的极图分析

为方便理解上述各个方向的电子衍射谱的特征,特别是相似的衍射谱却来自同一孪晶马氏体组织的不同方向,同时由于碳钢中的ω-Fe 相只分布在孪晶的界面处,有必要分析和讨论一下理想的 BCC{112}<111>孪晶结构的极图,这里的"理想"是指不考虑孪晶界面 ω 相的存在[65]。如图3-6所示,图中(a)和(b)是两个相同 BCC 晶体的极图,但两者均以某一个{112}面(图中绿色线)为共面。对于图3-6(a),可以称这个面为$(1\bar{1}2)$面,也可以称为$(\bar{1}1\bar{2})$面。这两种写法都代表一个面,但面指数方向相反。将图3-6(a)以这个面上的$[\bar{1}11]$方向为旋转轴旋转180°就可得到图3-6(b),那么,由图3-6(a)和(b)分别代表的这两个 BCC 晶体就成一个{112}<111>型的孪晶关系,将这两个极图合并在一起的图3-6(c)自然就是BCC{112}<111>型孪晶体的极图。

从构成的BCC{112}<111>型孪晶体极图[图3-6(c)]中可以看出,如图3-6(d)所截取的部分极图所示,A 和 B 点位置所对应的虽然都是两个BCC 晶体的某个<112>方向,但对应 A 点的两个<112>方向,即$[1\bar{1}2]$和$[\bar{1}1\bar{2}]$,才是垂直于孪晶界面平面的方向,而对应 B 点的两个<112>方向则不垂直于孪晶界面平面的方向,而是与孪晶平面呈一定的夹角。同理,在这两个 BCC 晶体的极图中,中心点都为[110],即这两个晶体的[110]方向均垂直于纸面。而这两个[110]的点均落在绿色线上,说明这个[110]方向是位于孪晶界面上的。从这个[110]方向观察,则孪晶界面平面与观察方向平行。

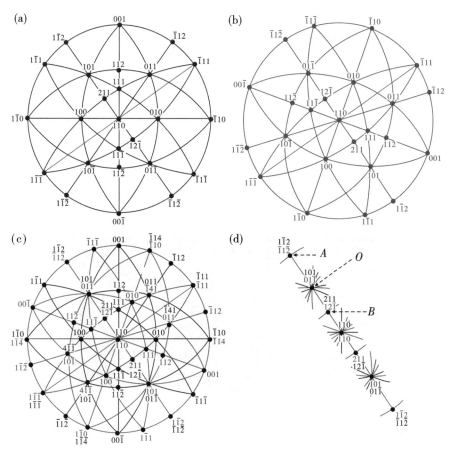

图 3-6　理想的 BCC{112}<111>孪晶的极图分析

"理想"一词表示孪晶界面上没有任何其他结构,对应于图 1-11[65]

　　在图 3-6(d)中的 O 点处,两个 BCC 晶体的某个<110>方向是重合的,而这个 O 点对应的方向与孪晶界面是呈一定夹角的,从这个方向看,孪晶界面就是斜的,既不与观察方向平行也不垂直,在实验上就看不到孪晶马氏体组织中的孪晶衬度。

　　图 3-1(e)中的选区电子衍射谱所对应晶带轴的方向就是这个极图的中心点,而图 3-1(f)中的选区电子衍射谱所对应晶带轴的方向就是这个极图的 A 和 B 两点间的 O 点。如果想要获得图 2-4(c)或图 3-7(d)中的选区电子衍射谱,则可以从这个 O 点出发倾转一定的角度。确定图 3-7(c)或图 3-1(e)和(f)中的电子衍射谱对应于上述极图中的哪一个点的简单办法

如下：

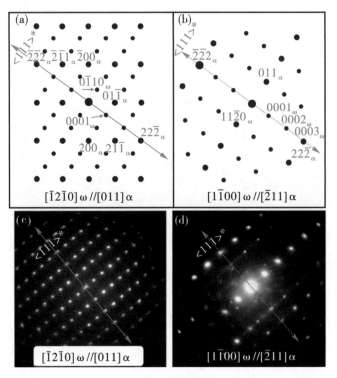

图 3-7　从 BCC{112}<111>孪晶衍射谱中的<110>晶带轴
如何转到<112>晶带轴

　　(a)和(b)分别为碳钢孪晶马氏体组织中 α-Fe[011]和[2$\bar{1}$1]的
电子衍射斑点的标定示意图；(c)和(d)为对应的实验电子衍射谱。
图中橘黄色线为倒易空间中的<111>方向[65]

　　(1)对图 3-7(c)或图 3-1(e)和(f)中的电子衍射谱做暗场分析，如果
能清晰地看到孪晶衬度，则对应于极图中的中心点，此时孪晶界面与电子束
方向平行。如果看不到明显孪晶衬度则对应于 O 点，此时孪晶界面与电子
束方向倾斜。

　　(2)确定对应 O 点后，在图 3-7(c)或图 3-1(f)中，按照图 3-7(a)中的
衍射斑点的标定找到{222}衍射斑点，如图中连线所示。保持此线上的衍射
斑点的位置不变，倾转电镜样品。

　　(3)见图 3-6(d)，倾转样品有两种结果，一是到达 B 点，另一个是到达
A 点，两点均为 BCC<112>方向。但只有一个方向可以获得图 2-4(c)的电

子衍射谱,也就是 A 点。在图 3-7(c)中无法直接判定如何才能倾转到 A 点,只有两个方向都倾转一下。

对图 3-7(a)或图 3-7(c)中弱斑点的位置也可看出,这些弱斑点实际上也严格位于 BCC 的 1/3{222}和 2/3{222},这些斑点的特征也证明了马氏体组织的基体组织为 BCC 结构而非 BCT 结构。

在对孪晶马氏体组织的实验观察中,经常会得到一套某个<112>方向的电子衍射谱,而这套电子衍射谱中只有来自 BCC<112>方向的电子衍射斑点,没有其他斑点,类似于图 3-4(c)。为何有些孪晶马氏体组织中的<112>方向上可以观察到 ω 相的存在,类似于图 3-4(d),而有些<112>方向却不能?这需要从孪晶结构的极图中观察,见图 3-6(c),有些<112>方向是单独存在的,并不与另一个晶体的任何低指数方向重合,但可能与 ω 相的高指数方向重合,这样观察到的电子衍射谱就只是一个单晶体的某个<112>方向的衍射,类似于图 3-4(c)。而某些<112>方向则是两个互成孪晶关系晶体的<112>方向重合处,如图 3-6(d)中的 A 点,在碳钢孪晶马氏体组织中,从这个 A 点观察就能得到图 3-4(d)的电子衍射谱。

第四节　孪晶二次衍射斑点

顾名思义,二次衍射斑点的强度根本就不能与一次衍射斑点的强度相提并论,但在碳钢的孪晶马氏体组织中,所谓的二次衍射斑点的强度总是与一次衍射斑点的强度在同一个量级上,见图 3-7(c),这本身就是个异常现象,但由于很久以来没有合理解释这些所谓的二次衍射斑点的真正来源,反而使人一直存有一个错误的印象,即认为二次衍射的强度可以与一次衍射斑点的强度相提并论,在讨论衍射斑点强度大小时,必须将衍射的轴向调整好,尽量将轴向调整到与电子束平行。在有些研究中,也有将这些所谓的二次衍射斑点说成是渗碳体的,甚至还有标为奥氏体的,总之对实际为 ω-Fe 相的衍射斑点,文献中的标定林林总总,在此已无必要做详细探讨。

在实际材料中,BCC{112}<111>型孪晶关系中 ω 相的电子衍射分析确实是非常复杂和困难的。由于在这种孪晶的很多方向的衍射谱中,孪晶二次衍射斑点的位置确实与 ω 相的电子衍射斑点重合,这导致很难认识 ω 相的存在。但一个需要认真思考的问题是,二次衍射效应所产生的衍射斑点实际上是很弱的,在其他孪晶体体系中也可以看出这一点[66]。图 3-8(a)是一个三元碳钢合金淬火态马氏体组织与残余奥氏体共存的明场电镜形貌像。黄色圆圈所在的黑色条状组织为孪晶马氏体组织,其对应的选区电子衍射如图 3-8(b)所示,该电子衍射谱中的主要衍射斑点可以标定为 BCC 的 <110>方向,而弱斑点则可标定为 ω-Fe 相的衍射斑点,图中还有一些来自奥氏体基体组织的额外斑点。因为样品的基体组织为奥氏体相,在该基体组织中易观察到 FCC 中常见的{111}<110>型孪晶,见红色圆圈所示的区域,对应的衍射谱示于图 3-8(c)中。在这个 FCC 的孪晶衍射谱中就没有观察到明显的二次衍射斑点,与 BCC 孪晶衍射谱对应的样品区域相比,这个 FCC 孪晶衍射谱实际上来自于样品稍厚的区域,二次衍射效应应该更明显,但事实是没有见到明显的二次衍射斑点。

并不是说这个 FCC 中常见的{111}<110>型孪晶不能出现二次衍射斑点,而是说明二次衍射斑点的强度往往是很弱的,不能跟主衍射斑点的强度相比。比如,将图 3-1(e)和(f)中的弱斑点说成是孪晶的二次衍射斑点确实有违二次衍射或电子衍射的基本理论。图 3-8 的结果直接说明了孪晶的二次衍射效应所产生的衍射斑点的强度实际上是很微弱的,一般情形下不易观察到,只有样品足够厚时,多重衍射效应才能勉强看到。有孪晶,但未必能明显看到二次衍射,正如图 3-8(c)所示,但 ω 相的衍射斑点总是伴随着 BCC{112}<111>型孪晶结构,换句话说,只要有 BCC{112}<111>型孪晶关系的存在就总能观察到 ω 相的衍射斑点。ω 相的衍射斑点反而在样品越薄的地方越明显,强度越强,这显然与二次衍射的原理矛盾。

利用 ω-Fe 相的衍射斑点所获得的那些暗场像中细小且均匀的颗粒衬度同样是二次衍射所无法解释的现象。在对各种不同碳钢的孪晶马氏体观察过程中,至今没有观察到不含 ω 相的衍射斑点的 BCC{112}<111>型孪晶结构,这种特征本身也与这里的二次衍射现象不符。如果把 ω 相的衍射斑点看成是二次衍射的斑点,当孪晶平面平行于观察方向时,这些斑点应该不易观察到。

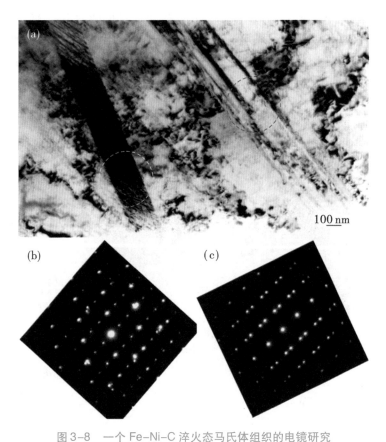

图 3-8　一个 Fe-Ni-C 淬火态马氏体组织的电镜研究

(a)图为电镜明场形貌像,其中基体相为奥氏体组织,左部一个黑色条
带为片状马氏体组织,右边的细小片状为奥氏体孪晶组织;图的下部为电镜
样品孔洞的边缘区,即从上到下,样品由厚至薄。(b)图为马氏体组织的选
区电子衍射。(c)图为奥氏体孪晶组织的选区电子衍射谱[66]

　　电镜样品越薄,二次衍射效应理当越弱。在样品薄区边缘即便有二次
衍射,那也应该很难观察到。但对于一个真实存在的第二相来说,样品再薄
也应能观察到,如图 3-9 所示。在这个高分辨电子显微像中,标尺所在的位
置已经是样品的空洞区域,可以看到在样品最薄的区域仍然可以观察到 ω
相的点阵条纹,这说明这些点阵条纹不是来自于二次衍射效应,而是真实存
在的第二相。图 3-9 中黄色虚线所围的区域为 α-Fe 的高分辨点阵条纹像,
其余部分为 ω-Fe 相的点阵条纹像。这些细小晶粒的 ω-Fe 相在高分辨条件
下看上去是一个大晶粒,这是由于样品有一定厚度,而细小 ω-Fe 相晶粒在

李晶界面处密度较高,再因为 ω-Fe 与 α-Fe 的特殊取向关系,这样就形成这些 ω-Fe 的点阵条纹在观察方向下连成一片,只有当该区域的样品厚度非常薄,薄至几纳米才可能看清楚 ω-Fe 的细小颗粒特征,如第一章中的图 1-7 所示。

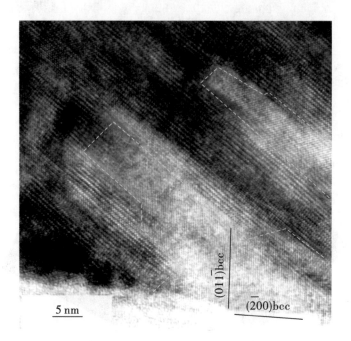

图 3-9　孪晶马氏体组织中 ω-Fe 相的高分辨点阵条纹像的观察

BCC{112}<111>型孪晶关系确实比较特殊,由于与该 BCC 结构相对应的 ω 相的衍射斑点正好与孪晶二次衍射位置重合,这给证明 ω 相的存在带来了不少麻烦。对于那些从 BCC 基体中形成的 ω 相来说,很容易判定该 ω 相,由于该 ω 相总是在一个观察方向上出现两个变体。虽然孪晶二次衍射一说确实使得 ω-Fe 相很难被发现,但有关孪晶二次衍射则是承认高碳或超高碳马氏体基本组织的晶体结构为 BCC 的 α-Fe,而非 BCT 相,这是由于 BCT 结构不可能产生这样的孪晶衍射花样,正如第二章中所讨论的。

◀　本章小结　▶

对碳钢孪晶马氏体组织的电子衍射分析表明,借助于孪晶界面 ω-Fe 相才能很好地解释所观察到的各种电子衍射谱。没有孪晶界面 ω–Fe 相,实验中的电子衍射以及各种衍衬分析都很难理解,特别是孪晶马氏体组织本身的孪晶结构形成机制更是一个无法理解的难题,至今没有任何一个相变理论能够从原子层次上解释马氏体中孪晶关系的形成。

对于纯铁,任何方式都无法获得 BCC｛112｝<111>型孪晶,除非纯铁不纯,比如加少量碳原子,就很容易快冷获得这种孪晶关系。此中道理不言而喻,也就是说这样的孪晶关系与碳原子存在相互依存的关系。所以在考虑这种孪晶关系时,需要考虑碳原子在哪里,起什么作用等基本的问题。

第四章
FCC 向 BCC 点阵的转变

　　纯铁或碳钢在冷却过程中,从高温奥氏体组织或 FCC(γ-Fe)向马氏体组织的结构转变一直是碳钢微观组织形成机制的关键所在。但由于这种转变是瞬间完成,很难在实验上观察其转变细节,人们一直在根据转变后的各种各样的实验事实来推测这种晶体结构的具体转变路径,目的是明白碳钢各种形态组织的形成机制以便达到控制组织从而改善其力学性能的目的。由于奥氏体组织一直是以单相结构形式存在,因此也可以称奥氏体组织为奥氏体相,但在马氏体组织中不适用,前面的实验事实已说明碳钢孪晶马氏体组织中含有两个晶体学相,即 α-Fe 和 ω-Fe。而这一章将从几何上或晶体学上说明孪晶结构是马氏体相变的必然产物,而后通过回火或自回火,发生退孪晶行为从而导致各种各样形态的碳钢组织的形成。

　　本章只从晶体几何上阐明 FCC 点阵如何转变成 BCC 点阵[73]。对于 BCC 的铁素体相是从 FCC 的奥氏体相转变而来的那些钢铁材料来说,ω 相起到一个辅助的作用,ω 相促进铁素体形核。相变过程是 FCC $\rightarrow$ ω $\rightarrow$ BCC 或 FCC $\rightarrow$ ω + BCC,后一种转变形式更贴切实际,这非常类似于常说的共析反应(用来解释珠光体组织的形成机制)。但如果一定要在时间上分一个前后顺序,则 ω 相首先在奥氏体相中形成,而铁素体则是在 ω 相形成后与 ω 相一起粗化。换一种说法,即有碳原子存在的地方形成 ω 相,FCC 点阵中没有碳原子的地方则形成 BCC。这点从本章的结构转变过程就可以体会出来。由于从 FCC-Fe $\rightarrow$ ω-Fe 是不稳定过程,或 ω-Fe 相本身是一个动力学不稳定相,能否在室温下观察到 ω-Fe 相的存在则取决于稳定该相结构的元素和环境,如作为间隙原子的碳原子和 BCC{112}<111>型孪晶关系等[45,74-77]。

　　从晶体几何的演变过程可以发现,BCC 的{112}<111>型孪晶关系将会在相变过程中自动形成,这种孪晶关系(不是孪晶体)应该是相变的自然产物。为何纯铁在相变后无法观察到这种孪晶的存在,那是因为瞬间相变过程导致瞬间孪晶的存在,但由于不存在可以稳定这种孪晶体结构的元素或结构,在高温(~912 ℃)下的自回火过程中发生退孪晶行为,这些过程都是快速完成的,孪晶消失而成为多晶组织(相关退孪晶或孪晶消失过程参见相关章节)。一直以来,在讨论 BCC 孪晶的形成过程都是从 BCC 点阵出发,而现在的 α-Fe{112}<111>型孪晶关系则是直接从 FCC 的 γ-Fe 点阵中形成的,这种孪晶关系是淬火态碳钢马氏体组织的基本亚结构特征,抛开这种孪晶关系的形成而探讨马氏体相变的机制显然不切实际。

目前已有的马氏体相变机制都不能从原子层次上解释这种孪晶关系的形成过程,同时也不能解释相变后的 BCC 点阵与原来的 FCC 点阵之间微小的取向差,即便将所有机制统合起来也不能解释这些基本事实。需要注意的是本章只讨论在相变过程中原子移动的可能路径,而非相变的缘由,即探讨如何发生相变,而非为何发生相变。为何发生相变是一个非常复杂的问题,其中包含了所有可能的原因,如热力学和磁学等。

第一节　FCC 点阵中的 ω 相单胞结构

在 FCC 的奥氏体相中析出或形成初基六角结构的 ω 相单胞结构的过程示于图 4-1 中。图 4-1(a)是理想的 FCC 点阵结构,实心和空心原子只是代表这些原子在不同的 c 面或(001)上。图中除了那些连接成立方结构的连线外,还有一套看似菱形的连线,这套连线所连接的原子对应于图 4-1(b)中由虚线所连接的原子,此时任何原子都未发生任何移动。而在图 4-1(c)中,那些发生移动的原子都用箭头标示出来,移动都发生在同一平面上(平行于纸平面),也就是 FCC 点阵的 c 面或(001)上,而且所发生移动的距离大小均为 $\frac{\sqrt{5}}{20}a_{\text{FCC}}$,$a_{\text{FCC}}$ 为 FCC 结构的点阵常数。

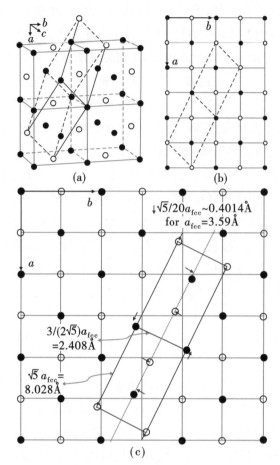

图 4-1　ω 相单胞结构在 FCC 点阵中形成的示意图

(a)理想的 FCC 点阵,另一套线所连接的原子将

会用来构造 ω 相单胞结构;(b)是图 a 沿 FCC 的 c 轴

或 001 方向的投影图;(c)将图 b 中虚线所连接的原子

按箭头所示方向平移得到 ω 相单胞沿其[11$\bar{2}$0]方向

的投影图,参见图 1-1 [73]

　　如果奥氏体结构的 a_{FCC} 为 3.59 Å（γ-Fe）,则那些发生移动的原子所移
动的距离为 0.4014 Å。如未加特殊说明,在本章中每个箭头均表示同样大
小的移动距离。图中将这个 ω 相单胞结构的两组面间距也表示出来,ω 相
的 c 面或(0001)面的间距为 2.408 Å。参见第一章中的图 1-1,ω 相的
(1$\bar{1}$00)面的间距为 4.014 Å,如此可以推断该处的 ω 相或 ω-Fe 相的点阵

常数为 $a = 4.635$ Å,$c = 2.408$ Å。按照几何模型从 FCC 点阵中得到的 ω-Fe 相的点阵常数列于表 4-1 中,同时将根据 ω-Fe 与 α-Fe 两相点阵常数之间的关系而得到的 ω-Fe 相的点阵常数也列于表中,这两个 ω-Fe 相的点阵常数存在明显差异,可以做如下考虑。

表 4-1　不同来源的 ω 相点阵常数的比较

ω 相点阵常数	$a/$Å	$c/$Å
根据几何模型[FCC ($a_{FCC} = 3.59$ Å)]关系	4.635	2.408
根据 ω 与 BCC α-Fe ($a_{BCC} = 2.86$ Å)的取向关系	4.045	2.477

应该以实验值为准来考虑模型中的问题,此时需要考虑这个 ω 相单胞结构垂直于纸面方向的距离。这个距离就是 FCC 点阵常数的一半,也就是 1.795 Å。或者说从图 4-1(c) 中的模型给出 ω-Fe 的 a 值有两个,一个是 3.59 Å,另一个是 4.635 Å,而这两个值与实验值(4.045 Å)存在 0.4 ~ 0.6 Å 的差别。但模型给出的 ω-Fe 相的 c 轴点阵常数(2.408 Å)与实验的 (2.477 Å)基本一致。这说明从 FCC 基体中形成 ω-Fe 相需要比较大的原子位移(0.4 ~ 0.6 Å),这或许是没有观察到 ω 相与 FCC 基体共存的根本原因。

图 4-1 所示的结构示意图只表明从 FCC 点阵中形成 ω 相结构的相变路径。正如表 4-1 所示,从 FCC-Fe 中形成的 ω-Fe 相的点阵常数的 a 值明显与实际值不等,说明从 FCC-Fe → ω-Fe 的结构转变过程中原子发生了明显移动,而使得两相之间没有足够合适的共格晶面的存在,也就观察不到 FCC 基体中 ω 相小晶粒的析出。所以从 FCC → BCC 的转变过程中最大的原子移动应该发生在该处。换句话说,从 FCC 中形成的 ω 点阵是非常不稳定的,尽管不稳定,但 ω 相结构的存在却能帮助 BCC 结构从 FCC 基体中形核。在讨论 BCC 之前,有必要先将 ω 相在 FCC 基体中可能的变体加以澄清。

仅从 FCC 结构的三个基轴方向中的任一方向看,ω 相单胞结构实际上可以有四个变体,如图 4-2 所示。图 4-2(a) 和图 4-2(b) 中的两个变体之间的角度约为 37°;而图 4-2(a) 和图 4-2(b) 中的两个变体有一个 90° 角的关联。所以四个变体之间的角度差可为 37°,90°,90° ± 37°。考虑到晶体的三维特征,则一个 FCC 晶体中可以有 12 个 ω 相单胞的变体,考虑正负方向,则有24个变体。除非数学计算或点阵矢量必须考虑的情况下才需要考虑这24个变体的说法,但在一般组织形貌的分析中,只需要考虑12个变体。

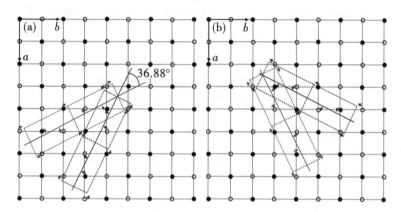

图4-2 ω相单胞结构在FCC点阵中可能的变体形成示意图

从一个FCC点阵的基轴方向看,可以同时形成4个ω相变体,将两个作为一组分开画只是为了清晰起见[73]

再来看ω相如何长大,从图4-1(c)可以看出,ω相的 c 面或(0001)面看似很容易扩展到无限大或扩展至一个晶体的表面(在不考虑点阵常数的明显差异,只考虑几何图形的情况下),但在垂直于 c 面或(0001)面的方向上就很难扩展。在同一个晶面上,ω相的形成是随机的,这种随机性也阻止了同一个晶面形成同一个ω相。

从图4-3可以看出,在理想的点阵结构中两个平行的ω相单胞结构不可能在同一个平面上进行 c 轴方向的重合,如此形成的ω相将是一个板条状的或片状的。如果考虑这种图示的深度方向的点阵常数的差异,即沿FCC的 c 轴方向考虑,原子之间的移动需要0.4~0.6 Å。实验上迄今还没有观察到FCC结构中ω相的存在,这种在任意方向上不易长大的现实也可能是没有观察到的根本原因之一。

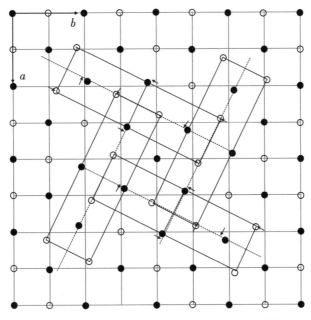

图 4-3　ω 相在 c 轴方向很难长大的示意图[73]

图 4-4 给出了一个 BCC 单胞如何通过 ω 相单胞结构的帮助而在 FCC 点阵中形成的示意图。当两个平行的 ω 相单胞相遇，但又不能重合，如图 4-4(a)所示，则四个相邻的空心圆圈所代表的原子就发生了箭头所示的移动。如果再加上两个垂直的 ω 相单胞相遇，结果如图 4-4(b)所示，注意这里的原子移动应是处于一个动态过程中。四个相互垂直的 ω 相相遇，相遇处的原子可能发生如图 4-4(c)所示的运动。那些相关的原子可能就会处于红色虚线的交点处。简单起见，我们将这一过程的结果示意在图 4-5 中。

一个原子为何会发生两个箭头所指的长距离移动，这可能是由于 ω 点阵不稳定，在其消失或 ω → FCC 点阵转变的过程中，发生了如 ω → BCC 的点阵转变而形成{112}<111>型孪晶关系的过程，如图 1-12(c)所示。

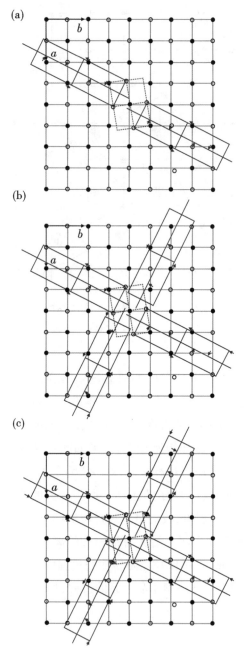

图 4-4 BCC 单胞如何在 ω 相单胞的帮助下形成的示意图[73]

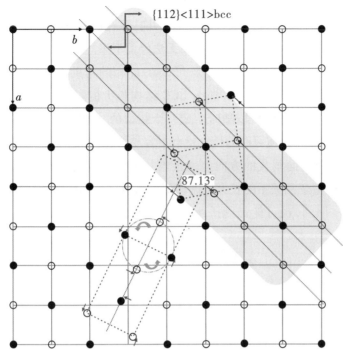

图 4-5　BCC 单胞与 ω 相单胞在 FCC 点阵中形成的示意图[73]

第二节　FCC 点阵中 BCC 的形成机制

在形成图 4-5 中的 BCC 单胞的过程中,有一个原子面(红色 Z 字形箭头所指)是始终不变的,该面上的原子没有发生任何的移动,这对应于 FCC 的 $(1\bar{1}0)$ 或 BCC 的某个 {112} 面,这也许就是 BCC 惯习面是 {112} 面的物理本质。{112} 面作为 BCC 结构的惯习面的另一个原因就是 {112}<111> 型孪晶关系,孪晶在 {112} 面上可以随意长大,但在其垂直的方向上很难长大。在相邻平行的 {112} 面上的原子则发生了相应的移动,与惯习面最近邻的且平行的两个 {112} 面上原子只发生了一个箭头所示的相向移动,次近邻的两个 {112} 面上原子则发生了两个箭头所示的相向移动,所有移动的方向都发生在 {112} 面上。这样红色虚线所连接的原子就构成了一个 BCC 的晶体学单胞。比较图 4-4(c),图 4-5 中只画出了一个 ω 相单胞的变体,这里只是为了简单明了,实际上一个 BCC 单胞的形成是在多个 ω 相单胞的参与下才能完成的。在实际材料中,最终我们能观察到的结构只是这些相变过程中相对稳定的结构,而那些动力学不稳定的结构,存在的寿命或时间非常短,或根本就是相变路径的某一中间过程而无法停留下来。

至此,一个近理想的 BCC 单胞可以在 ω 相的帮助下构建而成。既然 BCC 单胞的形成受制于 ω 相,那么 BCC 结构长大的过程也会受 ω 相的影响。沿图中的{112}面可以随时生成一个相似的 ω 相单胞,这样一来,BCC 结构沿其{112}面为惯习面的长大就会很容易快速,但是与 ω 相遇到的问题一样,在与{112}面垂直的方向上就很难长大了。其长大机制也与 ω 相或{112}<111>型孪晶关系的长大机制相似。这也许是马氏体相往往呈现片状结构的根本原因,也可能是魏氏组织(Widmanstatten structure)形成的根源所在。

图 4-5 明确给出了 α-Fe 的{112}面与 γ-Fe 的{110}面共面。共面首先需要满足一个基本条件,也就是该面上的原子密度必须一样。表 4-2 列出了 α-Fe 和 γ-Fe 不同原子面上的面密度值。考虑到点阵常数测定的误差,这里给出了三组数据进行比较。从表中的数据可以看出,α-Fe 的{110}面密度与 γ-Fe 的{111}面密度相近;α-Fe 的{112}面密度与 γ-Fe 的{110}面密度相近。也就是说,从原子面上的原子密度角度出发,α-Fe 的{112}面与 γ-Fe 的{110}面共面是合理的。那么为何 α-Fe 的惯习面不是{110}面而是{112}面,这应该与碳原子在 FCC 中的位置密切相关。因为碳原子占据在 FCC 中心的八面体间隙位置,而这个位置的中心是在 FCC 的{110}面上而非{111}面上,那么含碳原子的 ω 相单胞易在 FCC 的{110}面上形成就容易理解了。

表 4-2　原子面密度的比较

α-Fe (a = 2.87 Å)	原子面密度 /(1/ Å²)	γ-Fe (a = 3.65Å)	原子面密度 /(1/ Å²)
{100}	0.121	{100}	0.150
{110}	0.171	{110}	0.106
{112}	0.099	{111}	0.173
α-Fe (a= 2.86 Å)		γ-Fe (a= 3.60Å)	
{100}	0.122	{100}	0.154

续表 4-2

α-Fe (a = 2.87 Å)	原子面密度 /(1/ Å²)	γ-Fe (a = 3.65Å)	原子面密度 /(1/ Å²)
{110}	0.173	{110}	0.109
{112}	0.100	{111}	0.178
α-Fe (a = 2.85 Å)		γ-Fe (a = 3.56Å)	
{100}	0.123	{100}	0.158
{110}	0.174	{110}	0.112
{112}	0.100	{111}	0.182

第三节　一个近理想的 BCC 晶体的形成

上述相变过程可以归纳为:FCC → ω → BCC 或 FCC → ω + BCC,反之亦然,也即:BCC → ω → FCC 或 BCC + ω → FCC。根据上述的相变过程,在 FCC 的点阵中可以构造出一个近似理想的 BCC 晶体或伪 BCC 晶体。图4-6 给出了一个三维 BCC 晶体单胞形成的示意图。图4-6(a)的原始点阵为 FCC。蓝色原子发生如图箭头所示的移动,移动发生在 FCC 的(001)面上,而 B,O,B′三个原子则保持不动,如此可得到图4-6(b)中所示的 BCC 结构。这种近似理想的 BCC 结构可以通过原子的弛豫而成理想的 BCC,弛豫过程的动力学来源可能与铁磁性密切相关,这方面的研究需要配合计算来完成。

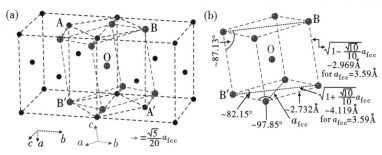

图4-6　从 FCC 晶体点阵中形成 BCC 晶体学单胞的示意图,而这一过程需要在 ω 相单胞的帮助下完成[73]

如果按照熟知的 Bain 模型,也即图 4-6 中蓝色原子组成的四方结构,而后这种四方结构在 a 轴方向上发生压缩,其他方向拉长以便达到一个立方 BCC 点阵结构,此 Bain 模型并不涉及如图中红色原子的微小旋转,按照 Bain 模型发生相变形成的 BCC 与 FCC 之间晶体学取向不应该存在几度的角度偏差,但事实已证明相变后的 BCC 与原来的 FCC 两相之间存在几度的取向差。从图 4-6 可以看出,与 Bain 模型相比,这里 BCC 的结构有微小的角度旋转,这样的角度旋转与一般实验中观察到的 FCC-BCC 两相之间存在一定的角度差是吻合的。在发生马氏体相变后,实验上并没有观察到在一个完美的 FCC 晶粒中可以存在独立的单晶 BCC 晶粒,反之亦然,这些事实更进一步说明了图 4-6 的相变模型的合理性。如果 BCC 晶体相对于原来母相的 FCC 基体没有任何旋转的话,也即保持多个方向的晶体学取向关系,相变发生后则易得到较大晶粒度的 BCC 晶体。

正如第一章中所强调的,各种倒易空间所确定的两相之间的晶体学取向关系,目的是理解两相在正空间的原子移动路径或相变路径,如果能够直接从正空间中给出相变过程中原子的路径,那么倒易空间中的一切取向关系就只是起到验证的作用,除此之外别无他用。以往没有任何一个相变模型可以完全解释碳钢马氏体相变的过程和结果,即便把已有的相变模型或机制加在一起也不行,首先没有什么模型可以解释相变过程中孪晶关系的形成。

第四节 FCC 点阵中直接形成 BCC {112} <111>型孪晶关系的机制

孪晶大致可以分为三种:

(1)生长孪晶(杂质因素)。由于晶体生长过程中的杂质元素或其他而引起的原子生长过程中发生了错排。

(2)退火孪晶(温度因素)。这类孪晶也叫相变孪晶,一般指相变的产物。

(3)形变孪晶(力学因素)。有时又叫机械孪晶,也就是由各种应变而引起的。

材料中出现的孪晶究竟由何种因素引起的,大多数情况下是难以分清的。对于金属材料来说,一般是处于合金状态,原子种类和大小不同,还有不可避免的间隙原子等。材料中有些相变本身就是由外部应力或内部点阵应变引起的,而不同的因素可以导致同一种孪晶的形成。如 BCC 金属和合金的变形过程能引起 ω 相的形成,继续变形会使这种 ω 相向 BCC 转变从而引起孪晶关系的形成。

由于具有 BCC 结构的马氏体钢在冷却的过程中可形成大量的 BCC {112}<111>型孪晶关系,甚至有些马氏体钢被叫作孪晶马氏体(twinned martensite)钢,对这种孪晶关系的形成机制的探讨一直未中断[78-84],但也一直未有一个比较理想的解释。由于晶体结构的多样性,孪晶形成机制在不同晶系中可能完全不同,{112}<111>型孪晶关系是 BCC 金属和合金中最常见的孪晶体系,在第一章中已经说明这种孪晶是由 BCC 金属和合金中普遍存在的非热 ω 相向 BCC 点阵转变过程中形成的。

在碳钢中,淬火态马氏体组织中一个常见的亚结构就是 BCC 的{112}<111>型孪晶关系,而这个孪晶关系是从奥氏体的 FCC 点阵结构中直接形成的,这一点在以往的文献中很少有涉及,在讨论这样的孪晶关系形成时往往只从 BCC 点阵出发,而从没有考虑过如何从 FCC 点阵中形成,碳钢中有关马氏体相变的本质问题也就在这儿,所以讨论这种孪晶关系的形成机制不应该只从 BCC 的点阵结构出发。任何一个钢中马氏体相变机制如果没有能够很好地解释这种孪晶关系的形成,那必存在明显的缺陷,这是因为碳钢马氏体组织中,孪晶关系是其普遍存在的亚结构,也是相变最初的产物。

一个 BCC 单胞可以与多个 ω 相变体有关,这种可能的对应关系示意在图 4-7 中。从 FCC 的某个基轴方向看,ω 相单胞存在四个变体,同理 BCC 单胞也有四个变体,为方便后面讨论,分别将它们进行随机配对,每对(一个 BCC 单胞和一个 ω 相单胞)分别以 A,B,C 和 D 来表示,A-ω 或 ω-A 就表示 A 对中的 ω 变体,A-BCC 或 BCC-A 就表示 A 对中的 BCC 变体。

对于一个均匀的 FCC 点阵体系,这些变体的形核可以是均匀形核。严格来说,BCC 的形核是依赖于 ω 相,但 ω 相是均匀形核,而 ω 相和 BCC 结构可以认为同时存在,或者说 ω 相形成的同时构成了 BCC 晶体结构,所以也可以认为 BCC 的形核是均匀形核。从图 4-7 中可看出,A-BCC 和 C-BCC,如果它们的{112}惯习面相重,则可看出 A-BCC 和 C-BCC 存在一个{112}<111>型孪晶关系。同样 B-BCC 和 D-BCC 也存在一个{112}<111>型孪晶的关系。这就是马氏体钢中容易出现{112}<111>型孪晶关系的根本原因。从这点可以看出 BCC{112}<111>型孪晶关系形成的一种机制,这样的孪晶关系是在相变过程中形成的,所以应叫作相变孪晶,也是相变过程的一种产物。因此,从相变的原子点阵机制出发,钢中马氏体相变的最初产物应该是BCC{112}<111>型孪晶关系加上孪晶界面处的 ω 相,这一点与实验事实完全吻合。需要特别强调的是在碳钢中还没有观察到与 ω 相无关联的{112}<111>型孪晶,或者说,在碳钢中 ω 相与{112}<111>型孪晶关系相互依存,这种关系至少在 Fe-C 二元合金系中得到验证。这主要是因为碳原子的存在,忽视碳原子而谈碳钢中这种孪晶关系是无稽之谈。如果存在别的元素,而这种元素对 ω 相起到非常稳定的作用,则有可能孪晶消失而 ω 相依然单独存在,比如在第一章介绍的合金钢中。

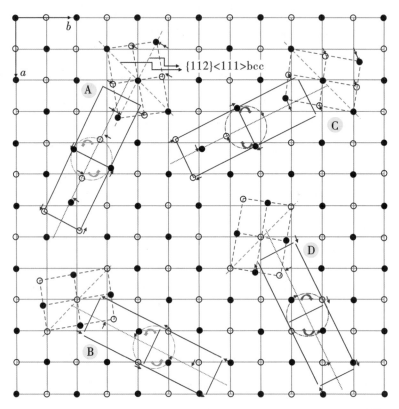

图 4-7 BCC 单胞和 ω 相单胞的各种可能的变体之间的关系示意图[73]

第五节 相变形成极端细小晶粒的机制

至今没有一个相变机制能够在原子层次上完美地解释相变后的马氏体是一个单晶体或多晶体的大晶粒特征。有关图 4-5 的讨论,实际上已经说明 BCC 结构不可能沿垂直于 FCC($1\bar{1}0$)面的方向无限扩展,而只能局限于 1 至 3 个单胞的小范围,超过这个范围则需要很大距离的原子移动。如图 4-8 所示,如果让阴影部分的 BCC 晶体继续长大,也就是从虚线(虚线这一层作为第 0 层的话)开始向虚线的垂直方向扩展,继续扩展会发现阴影区外第一排(或者称为第 3 层)的原子需要移动三个小箭头,也就是约 3 × 0.4014 Å 大小,继续下去每一层需要移动的距离就会不断增加一个 0.4014 Å,即第 4 层为 4 × 0.4014 Å = 1.6056 Å 大小。这个大小已远大于同一层上两个原子之间的距离(~2.5 Å)的一半。继续移动或切变显然是不现实的,肯定在某一处原子必须发生反向的移动,也就是上述的继续需要断开。而这个断开或反向移动最可能发生在第 3 或 4 层。或者说 BCC 点阵在垂直于虚线方向上的最大长度约为 2 × a_{FCC} × $\sqrt{2}$ ~10.15 Å ~1 nm 大小。考虑到其他方向的类似性以及均匀形核特征,因此相变后立即形成的 BCC 晶粒的大小只能是约 1 nm 大小,这也与实验观察的结果一致。

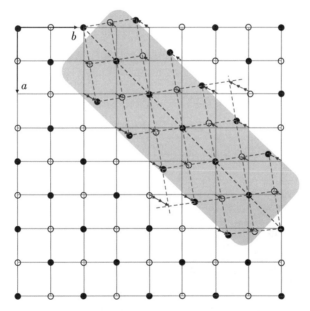

图 4-8 BCC 单胞和 ω 相单胞的各种可能的变体之间的关系示意图[73]

既然是与温度相关的相变过程,在非常局部区域,相变的驱动力应该是各向同性的,没有理由沿某一个方向长距离切变。因此这种相变应是非常局部的相变,或局部区域的原子移动,而非一个大的奥氏体单晶体整体同时转变成几个小一些的 BCC 单晶体,实验事实也是如此,大范围的军团式的原子同时向某一个方向移动显然与实验事实不符,因此本书称这种相变为局部原子的集团运动(local collective movement)。

任何结构相变都牵涉到原子的位置移动或位移,问题是如何位移,需要给出具体原子位移路径。在一个较大的范围内,如数百纳米或几微米大小的范围,这样的相变区域可以是同一种变体,别的区域可以是另一变体在同时发生,而在一个变体(即一个马氏体晶粒或组织)内部的细小 BCC 晶体的晶体学取向应基本一致。微小的偏差则源于相变过程中伪 BCC 点阵向理想 BCC 点阵的弛豫。这些也间接说明图 1-11 中孪晶形成机制存在的问题,以往对相变的认知在很大程度上受这种孪晶形成机制的影响。

第六节　新型相变机制的应用

对于一个 Fe-C 合金体系,在冷却不是很快的过程中,样品在冷至室温时有足够时间和温度可以让含碳的 ω 相颗粒转化为渗碳体颗粒,同时发生细小 α-Fe 的粗化或再结晶过程,这样就会形成常见的珠光体组织,见图 4-9,详细转变过程将在后面几章中说明。相变开始后到室温这一过程,存在一定的时间和温度,相变后的组织不可能保持最初相变的产物不变,也是通常所说的自回火过程,而这一变化过程是很难从实验上认知的,因为组织的观察研究往往是在室温下进行的。即便实施原位观察,也未必能观察到真实的反应过程。

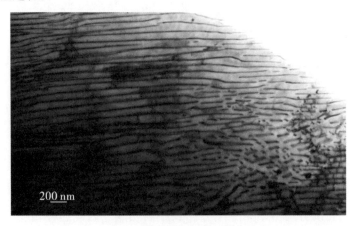

图 4-9　Fe-C 合金中典型的珠光体组织的透射电子显微镜的明场形貌像

一般的珠光体形貌有两种,最常见的是层状结构,在图 4-9 中,黑色的是渗碳体(θ-Fe_3C),白色的是基体或铁素体(α-Fe)。从原子尺度上看,近似平行的渗碳体片层实际上是渗碳体的{110}与铁素体的{112}平行。或者说,这些渗碳体看上去像是从铁素体的{112}面上析出并长大的,这只是说明了一个"铁素体的{112}面平行于渗碳体"的事实,真相却是这些渗碳体是由 ω 相转变而成的,渗碳体本身与铁素体没有关系。这种铁素体以{112}面为惯习面,并以该惯习面平行于渗碳体片层的实验现象与图 4-5 中的讨论吻合,也与实验观察相一致[85]。

从图 4-9 还可以看到渗碳体的另一种形态,短棒状或短片状。要研究这种形态与基体的关系,需要将基体组织转到与示意图相同的取向,也就是体心立方的 [110] 方向。本章中那些原子结构示意图实际上都具有 $[001]_{FCC}//[110]_{BCC}$ 取向关系。图 4-10 代表了这样一个区域,其中基体相铁素体的 [110] 垂直于纸面,如插图(选区电子衍射谱)所示。这样就可以将那些渗碳体颗粒看成图 4-7 中的 ω 相。

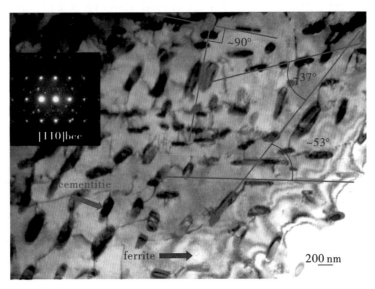

图 4-10　Fe-C 合金中典型的珠光体组织的透射电子显微镜的明场
形貌像每个渗碳体颗粒都在亚晶界面上[73]

图 4-10 中的渗碳体颗粒基本都满足图 4-2 中 ω 相变体之间的取向关系。由于电镜样品有一定的厚度,厚度一般在几十至几百纳米之间。厚度

方向的变体也可能被观察到,所以实际观察到的渗碳体的变体就会多于四个。这些讨论将有利于更好地理解碳钢中珠光体组织的形成机制,在传统的珠光体形成机制(共析反应)中,并没有说明清楚渗碳体结构的形成或形成机制,只直接说明碳原子扩散后渗碳体就形成了,相关讨论将在后面几章中加以说明。此图中一个特别需要关注的是所有渗碳体颗粒之间存在一个"连线",这些弯弯曲曲的"连线"并不是什么位错而是亚晶界面,由于这是一个缓冷的珠光体组织,存在大量位错是很难理解的。有关这种亚晶界的形成机制将在第六章中详细讨论,非常奇妙的是所有渗碳体颗粒必有至少一个亚晶界相连,亚晶界也是一种晶界,这说明几乎所有渗碳体颗粒都是位于晶界上的,有关这种颗粒状的渗碳体的形成将在第七章中详细讨论。

在铁陨石中,最常见的就是魏氏组织的花纹,一般来说,铁陨石主要是铁和少量的镍,几乎不含碳。铁陨石的基体相是面心立方的奥氏体,形成魏氏组织的花纹基本是铁素体(或者说魏氏组织就是马氏体组织)。沿铁陨石基体相的FCC[001]方向观察,铁素体板条状花纹互成直角,而且铁素体的长轴方向或惯习面是平行于基体相的{110}面,图4-11是文献[86]中实验图像的示意图,这与本章中图4-7示意图的原理或图4-10中的红线一致,唯一的差别就是图4-11中那些不成直角的体心立方变体没有出现,究其原因是因为铁陨石中的魏氏组织几乎是在恒定高温下形成的。对于Fe-C二元合金,粗大的马氏体组织容易形成在高碳或超高碳的合金中,这是由于碳含量增加,马氏体相变温度降低,越来越接近室温。简单来说,如果整体材料在马氏体相变温度附近停留足够长的时间,则易形成粗大的马氏体组织,同时由于铁素体变体之间在长大时有竞争关系,因为长大过程是很快的,所以一个变体长大后,其他变体的长大就受到制约,这种情形在一般文献中也叫变体选择。由于铁陨石中不含碳或没有足够含量的可以稳定ω相的元素,所以ω相就不能被稳定下来,这种粗大的马氏体组织或魏氏组织也可以在一种单晶奥氏体Fe-15Ni-15Cr(wt.%)中通过超低温马氏体相变来实现[87]。

图4-12是超高碳淬火态组织的电镜观察,很明显可以观察到样品中存在片状或针状马氏体组织以及残余奥氏体组织。这张图的特点是电子束或观察方向是平行于奥氏体的某一个基轴方向,这样就可以保持与图4-7中的FCC点阵方向一致。在这张图上所看到那么多的马氏体组织基本都是沿着同一方向,即BCC的某一个<110>方向与观察方向平行,同样与图4-7中

的 BCC 点阵方向一致。再看这些马氏体组织沿长度方向的分布同样满足两两垂直的关系,那些不垂直的也与图 4-10 中红线所画出的取向关系一致。这些从非常低碳且缓冷的铁陨石中的魏氏组织到超高碳淬火态马氏体组织与奥氏体组织的取向关系说明了图 4-7 的合理性。

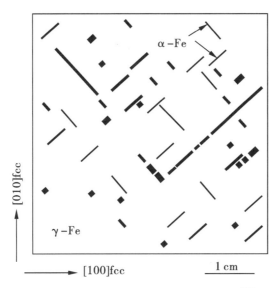

图 4-11　铁陨石中魏氏组织花纹的示意图[73]

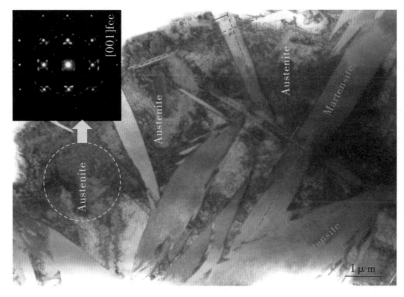

图 4-12　超高碳钢淬火态组织的电镜明场像

电子束方向平行于奥氏体的某一个 <100> 方向[71]

对于碳钢来说,如果冷却速度足够快,ω 相会因为碳原子的存在而被保留下来并能被观察到,如碳钢中的马氏体组织。正如第二章中有关碳钢中马氏体组织的实验观察所示,碳钢淬火态马氏体组织实际上是由两相组成,一是细小晶粒且成孪晶关系的不含碳原子的铁素体相;另一则是孪晶界面处高密度细小的含碳 ω 相,其颗粒度一般在 1 ~ 2 nm 左右。两相之间的晶体学取向关系也完全与本章的示意图吻合。在此需要讨论的是为什么只有一个变体的 ω 相与铁素体共存。理论上只要冷速足够快,那么图 4-7 中的四个变体都应同时在同一区域被观察到,而实际上冷速是不太可能快于相变的速度。相变的速度虽然无法直接测量,但从后面的 ω 相向渗碳体转变的原位电镜观察的实验中观察到闪光存在,这说明相变的速度可能比大家认同的声速还要快。

首先需要澄清的事实是,电子显微镜观察的区域总是局部,这个局部可以是几纳米到几个微米。简单来说,图 4-7 中的两对 ω 相从没有同时出现在一个局部区域(是指如图 4-12 中一个马氏体组织内部区域)。同一局部区域,原子的集团运动应是一致的,有点类似于原子层次上的涡流,如图 4-7 中不同的虚线圆所表示的那样。A 和 B 是一致的,但与 C 和 D 的正好相反。这样一来,该局部区域要么存在 A 和 B,要么存在 C 和 D。如果只考虑 A 和 B,前面讲过体心立方结构可以通过不稳定的 ω 相来形成,如果 ω 相被碳原子稳定了,该 ω 相就不能自身消失并以此帮助体心立方结构的形成,这样一来就是存在 A-ω 而不存在 A-BCC,存在 A-BCC 就没有 A-ω。结果就是 A-BCC 和 B-ω 这样的一种组合,也就是在局部区域内或者在一个马氏体组织内只有一种 ω 变体和体心立方共存,要不就是另一个马氏体组织或变体,如图 4-12 中就有不少板条或针状的马氏体组织。不同变体的马氏体组织可以存在于稍大的区域中,这种共存的取向关系与实验观察一致(图 4-12)。

图 4-7 中的四个 ω 相变体和四个铁素体变体存在相互竞争的关系,也就是变体选择。变体选择一直存在,在冷速慢的条件下,最后胜出的往往只有一个变体,变体数会随着冷速的加快而增加。在快速淬火的条件下,整个样品的变体数会达到最多,从而达到组织细化,但在某个马氏体板条或组织中就只有一个变体,这还与样品在相变温度附近停留的时间有密切关系。

在图 4-12 中还可以看到,奥氏体组织中存在明显的位错状衍射衬度,而所有马氏体组织中则显示出非常均匀的衍射衬度。在透射电镜的观察中,这种马氏体组织在某一晶带轴方向与电子束方向平行的条件下往往显示黑色衬度,其他方向则显示灰色或白色的均匀衬度,而没有那种出现在奥氏体中的位错状衍射衬度特征。这种均匀的衬度特征实际上是由于马氏体组织中存在非常细小的小晶粒引起的,如图 4-13 所示。

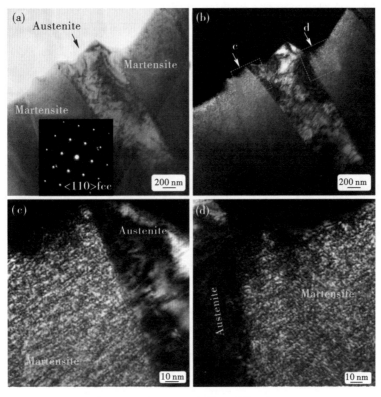

图 4-13　细小晶粒的马氏体组织

(a) 超高碳钢淬火态组织的电镜明场像。奥氏体在中间,两边为马氏体组织;(b) 相应的暗场像;(c) 和(d) 暗场像的放大图,区域为奥氏体两侧与马氏体组织相邻的界面

对在一个奥氏体组织两侧的马氏体组织进行暗场像观察可以注意到,两边的马氏体组织均显示细小颗粒特征,具体形成机制也已在本章中进行了原子层次的讨论,即从 FCC 点阵中最初形成的 BCC 结构只能是非常细小的细小晶粒(1~2 nm),而无可能形成尺度可达数百纳米或微米级别的粗大单晶体。在碳钢的微观组织及其相变研究方面,很遗憾这种微观结构特征是从未被人提及过,实际上这些结果只需要基本的电镜观察水平,而根本不需要高深复杂的技术。

实际上这样的问题早在 100 年前就已有答案,基于与细小纳米 Au 颗粒凝胶体的 X 射线衍射峰宽的对比发现,马氏体组织由 2 nm 大小的细小组织构成[88],这是人类首次利用 X 射线衍射技术研究钢铁微观组织,但不知为何后来的 X 射线相关研究却完全忽视了这项最初的研究结果。可能是由于后来假定马氏体组织是一个单晶体,从而推测 X 射线衍射峰宽来源于其他原因(残余应力和位错密度等)。目前的实验观察同样发现最初形成的马氏体组织是由非常细小的 α-Fe 晶粒构成的,其晶粒度在 1～2 nm 大小,电子显微镜的直接观察其实与 X 射线衍射峰宽的推断是一致的。

第七节　碳原子稳定 ω-Fe 相

在 ω-Fe 相被发现之前,铁中只有 γ-Fe 和 α-Fe 两相,在此情况下只能设想碳原子固溶于 α-Fe 中,而后再撑开 α-Fe 变成 BCT 结构,无法做其他考虑,这是通常的思路。现在由于存在一个亚稳 ω-Fe 相,就需要讨论碳原子究竟在 α-Fe 中还是 ω-Fe 中。对于碳原子是否能够固溶于 α-Fe 的 BCC 晶格中,可以看 BCC 的晶格能提供的最大间隙空间。按照原子结构的钢球模型,表4-3 列出三种晶体学相的最大八面体间隙半径。从表中可以看出,γ-Fe 与 ω-Fe 中的八面体间隙半径是一样的,可以理解成碳原子在马氏体相变过程中位置就没有发生改变,改变位置的只是碳原子周围的铁原子。这些铁原子发生位置的变化从而形成 ω-Fe 的结构来"保护"碳原子。只从几何上考虑,α-Fe 中的间隙半径远小于其他两种结构的间隙半径,碳原子只能在 ω-Fe 相,而无法固溶于 α-Fe 中。在表中,γ-Fe 与 α-Fe 中的八面体实际是最大八面体,但在 ω-Fe 相中则是最小八面体,这些只是钢球模型的考虑。

表4-3　各种铁相结构中八面体间隙半径(考虑原子的钢球模型)

晶体结构	γ-Fe ($a_{FCC} = 3.59Å$)	α-Fe ($a_{BCC} = 2.85Å$)	ω-Fe ($a = 4.03Å$, $c = 2.47 Å$)
八面体间隙半径	$\frac{2-\sqrt{2}}{4}a_{FCC}$ ~ 0.53 Å	$\frac{2-\sqrt{3}}{4}a_{BCC}$ ~ 0.19 Å	$0.187a_{BCC}$ ~ 0.53Å

由于原子之间的相互作用,特别是铁原子,必须考虑磁性的作用,从能量上考虑才比较合理,但 ω-Fe 相刚被发现,这方面的理论计算才开始。本节将相关计算的结果简单介绍一下,最早在能量计算中发现 ω-Fe 可以作为一个动力学不稳定相的存在,随后的计算注意到 ω-Fe 需要碳原子和孪晶关系来稳定[74-77,89,90]。纯 α-Fe 本来是最稳定的铁相,在理论上不难理解,强行加入碳原子后会使得 α-Fe 变得不稳定。不考虑任何其他元素的作用,α-Fe 是最稳定结构,ω-Fe 则非常不稳定,但加入碳原子后,ω-Fe(C)则相对稳定。

理论上的简单考虑已表明,在 Fe-C 二元合金中,实验上能够观察到的 ω-Fe 相需要碳原子来稳定。而且这样的碳原子是处于 ω-Fe 相的某一个八面体间隙位置,从而形成 ω-Fe$_3$C 结构的相。实验上至今没有观察到独立存在的 ω-Fe 相,只观察到一些由 ω-Fe$_3$C 相转变成的相关亚稳碳化物。在淬火态碳钢孪晶马氏体组织中,虽然碳原子在 ω-Fe 相中起稳定 ω-Fe 相的作用,但仅有碳原子还不够单独稳定该相,还需要孪晶关系才能相对稳定该相。这种孪晶关系的作用仍需要深入考虑。

◀ **本章小结** ▶

固态相变是指晶体结构之间的转变,而晶体结构具有严格的立体几何关系,所以任何相变机制首先必须满足立体几何之间的转变,对于铁或其他磁性元素构成的晶体学相,还需要考虑磁性。本章在几何分析上已完全解释碳钢中最初形成的马氏体组织为 α-Fe 的 BCC{112}<111>型孪晶关系,以及孪晶界面处出现 ω-Fe 相。两相都是以非常细小晶粒的形式存在于淬火态样品中,同时说明碳钢淬火孪晶组织是直接从奥氏体组织中形成的根本原理,这些分析与实验观察结果完全一致。

第五章
孪晶马氏体组织的退孪晶过程

前面章节重点从实验和理论方面说明了淬火态碳钢马氏体组织的亚结构特征，最初形成的马氏体组织是由 $1 \sim 2$ nm 大小的 α-Fe 和 ω-Fe$_3$C 两相组成，其中 α-Fe 小晶粒（一个片层区域中的 α-Fe 小晶粒与相邻片层区域中的 α-Fe 小晶粒）之间存在 BCC$\{112\}$ <111> 型孪晶关系，ω-Fe$_3$C 小晶粒则位于这种关系的界面区域。这些亚结构特征的外部表现是淬火态马氏体组织很脆，而且因为极细小晶粒导致大量亚晶界的存在，从而产生体积膨胀，即便没有外力的影响也易出现裂纹，因此淬火态马氏体组织的碳钢往往不能直接使用，需经回火后才可以。回火导致细小晶粒之间发生再结晶而形成大的 α-Fe 晶粒，消除亚晶界。一般认为淬火态马氏体组织中含有非常高的残余应力，回火可以消除这些残余应力，这些说法的依据可能是基于 X 射线衍射峰的宽化（从 X 射线的角度出发一直认为马氏体组织是一个单晶体），是在没有完全澄清淬火态马氏体组织的亚结构之前做出的判定，X 射线衍射峰的宽化自然与这些细小晶粒密不可分。回火过程中孪晶马氏体组织的演变或退孪晶的原理及其韧性增强的根本原因将在本章中加以说明。前面几章说明了马氏体组织中孪晶亚结构的形成过程，后面几章将讨论这种孪晶的退孪晶过程以及各种各样的碳钢组织形成机制。

这种完全由非常细小且均匀的小晶粒构成的淬火态孪晶马氏体组织特征是迄今为止对马氏体精细结构最新的描述，目前比较成熟的有关晶体的形核与长大机制基本上是基于液体中的凝固理论，在此当然不能一味地利用液体中的凝固和晶体生长以及扩散的传统理论来理解马氏体相变这种发生在固体中的结构转变。固体中即便是间隙原子也不可能随意扩散而使第二相长大，因此不应该完全套用液体中的扩散理论来思考固体中的晶体长大的行为。在第六章中将介绍一种通过细小晶粒的不断聚合而发生结构相变的碳化物粗化的新颖机制，其中不会涉及碳原子在固体中的自由扩散行为。

由于本书只涉及 Fe-C 二元合金系,孪晶关系界面上的 ω-Fe_3C 亚稳相的稳定性部分来源于间隙碳原子,部分来源于孪晶关系。对于不同合金体系,可能退孪晶已经完成,即孪晶关系消失,而 ω-Fe_3C 相仍可稳定下来,或退孪晶及其 ω-Fe_3C 向其他结构转变的温度会受其他合金元素的影响是非常可能的,但这些仍需将来的实验和计算结果才能探讨,例如氮原子比碳原子更能稳定 ω-Fe_3C 相,意味着退孪晶与 ω-$Fe(N)$ 相发生转变不一定同步进行,回火后孪晶关系有可能未完全消失,但细小 α-Fe 晶粒已发生粗化或再结晶,所以在本章的题目中强调了淬火态而非任何状态。简单来说,ω-Fe_3C 相结构的稳定性来自于两个方面:自身内部的间隙原子和外部的孪晶关系,这两个因素一起稳定 ω-Fe 相。

由于碳原子只可能存在于 ω-Fe 相中,而非 α-Fe 的晶粒中,在自回火或回火的过程中,α-Fe 的细小晶粒只会发生自身的再结晶,只存在晶粒大小与形貌的改变,而不再发生任何其他相结构转变[91,92]。但由于 ω-Fe_3C 相包含碳原子,在回火过程中,即自身粗化的过程中则会向各种碳化物转变。由于 α-Fe 的体积百分比远大于 ω-Fe_3C,或 α-Fe 的细小晶粒数远大于 ω-Fe_3C,那么 α-Fe 粗化后的晶粒自然也会远大于 ω-Fe_3C,或者说 α-Fe 细小晶粒的再结晶速率要远大于 ω-Fe_3C,结果就会发生 ω-Fe_3C 相转变后的碳化物颗粒被 α-Fe 粗化后的晶粒包裹于内部或推移于其晶界上,这取决于围绕该 ω-Fe_3C 相或碳化物颗粒的 α-Fe 自身相遇的晶界是否共格,如共格则该 ω-Fe_3C 相或碳化物颗粒就会被 α-Fe 包围进去,这样的结果看似从 α-Fe 晶粒中析出碳化物颗粒,其实不然。如不共格,则该 ω-Fe_3C 相或碳化物颗粒就会位于 α-Fe 的晶界或亚晶界上,这些微观结构特征将与回火温度及时间密切相关。

第一节　回火至 220 ℃

淬火态组织选择在此低温回火的理由是,此温度附近存在一个转变点,即居里温度。由于淬火态孪晶马氏体组织包含两个晶体学相:α-Fe 和 ω-Fe_3C。回火过程同时对这两个相的细小晶粒发生作用,但讨论时将分别对待。首先讨论孪晶组织中的基体片层和孪晶片层区域中的细小 α-Fe 晶粒的变化(基体片层和孪晶片层是相对而言的,如果把某一片层说成是基体片层,则相邻的成孪晶关系的片层就称为孪晶片层),此时所拍摄的电镜暗场形貌像只选用 α-Fe 的衍射斑点,但由于 α-Fe 所有的衍射斑点都与 ω-Fe₃C 相的部分衍射斑点重合,所以选用 α-Fe 的衍射斑点时,实际上已包含了 ω-Fe₃C 相。

对淬火态孪晶马氏体细小晶粒组织原位加热观察可发现,原来细小的 α-Fe 小晶粒(同时也包含了 ω-Fe₃C 相细小晶粒)在温度到达 180 ℃ 时基本没有变化,电镜原位加热过程中,每个温度下只停留几分钟的时间。在温度到达 220 ℃ 左右发生明显粗化,也就是退孪晶行为,即孪晶结构开始消失,见图 5-1。图像均为电镜暗场形貌像,因此图像中的一个个细小的亮点代表一个个细小的 α-Fe 相以及 ω-Fe₃C 相细小晶粒。继续升温后,α-Fe 小颗粒的再结晶会很明显,这些过程要么不发生,要发生则是瞬间的事,即晶粒之间瞬间再结晶的行为,而非单个原子的扩散行为(没有充分的依据支持如此低温下,碳原子可以快速扩散)。

比如,在 220 ℃ 时,α-Fe 小颗粒的颗粒度可以是 5 nm 左右,升高温度至 250 ℃ 时,变化可能不明显,但一旦发生变化,某些区域的晶粒度可能瞬间由 5 nm 大小变成 10 nm(也就是说,两个或多个 5 nm 大小的小晶粒发生再结晶而瞬间变成一个 10 nm 大小的晶粒)。因为到处都是铁原子,铁的小晶粒的形成用不上形核扩散这类可以缓慢长大的机制。对于纯铁或低碳合金,这些细小晶粒的粗化或再结晶可在淬火后自回火过程中发生。由于观察区域是不可能直接测量温度的,所以这里的温度测量不是非常精确。

从图 5-2 中可以看出,将淬火态孪晶马氏体组织电镜原位加热,发现当温度升高到 220 ℃ 以上至 345 ℃ 时,多晶型的 α-Fe 晶粒非常明显。在淬火态样品中,由于 α-Fe 的晶粒度非常细小,所以在一般放大倍率下,是观察不到马氏体组织内部精细结构的。加热后,α-Fe 发生粗化或再结晶,孪晶特征的组织可以演变成一个个平行的板条形貌,所有这些晶粒都是 α-Fe。图 5-2(b)和图 5-2(d)分别对应于电镜的明场和暗场形貌像,图像中可以看出不同的明暗区域,这些明暗不同的区域说明属于不同取向的 α-Fe 晶粒。在淬火状态下,那些非常细小的 α-Fe 颗粒之间的取向差别不大,但随着再结晶的发生,变大了的 α-Fe 晶粒之间的取向差会愈来愈明显,再结晶会越来越困难,如图 5-3 所示。α-Fe 小晶粒随温度的上升而不断发生再结晶行为,从而达到 α-Fe 的晶粒粗化。这种晶粒长大不牵连其他因素,纯粹是晶体取向相近的相邻小晶粒之间发生相互合并,所以这种粗化是断断续续的行为,多个小晶粒再结晶成一个大晶粒的过程,要么不变,要变则是瞬间完成的,这些可以用图5-4中的示意图来说明。细小晶粒具有相似晶体学取向的原因来自于固态相变,这些细小的晶粒在一个局部区域都保持与母相(γ-Fe)几乎一样的晶体学取向关系。

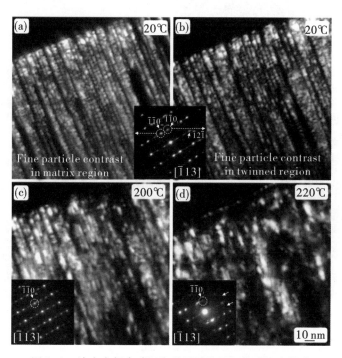

图5-1　淬火态超高碳钢孪晶马氏体组织的暗场电镜像

　　(a)和(b)分别对应一个孪晶马氏体局部区域的暗场形貌像。见插图的电子衍射谱,如果把(a)看作一个孪晶体的基体部分,则(b)图为这个孪晶体的孪晶部分。两者明暗互补。(c)原位加热至200 ℃时,淬火态细小 α-Fe 晶粒已发生细微的粗化或再结晶。(d)原位加热至220 ℃时,α-Fe 晶粒的粗化或再结晶已较明显。加热前晶体学取向几乎一致的小晶粒,加热再结晶后的大晶粒,其晶体学方向已明显不同[92]。图(a)、(b)和(c)的标尺与图(d)中一致。

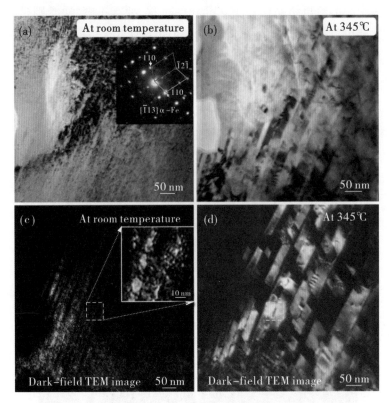

图 5-2 超高碳淬火态孪晶马氏体组织的电镜原位回火观察

(a)室温时的孪晶马氏体明场形貌像;(b)原位加热至 345℃时的明场形貌
像;(c)和(d)为分别对应于(a)和(b)的暗场形貌像[91]

再结晶的驱动力则是来源于温度,回火温度越高,粗化或长大越明显。
但粗化的步伐却是瞬间完成,与那种扩散控制的缓慢长大过程不一样,因为
都是铁原子,也无须扩散,或者可以说马氏体相变后的组织演变与扩散无
关,后面有关 ω-Fe₃C 相细小晶粒的粗化或长大其实与 α-Fe 的再结晶过程
相似,同样无须自由碳原子的扩散。

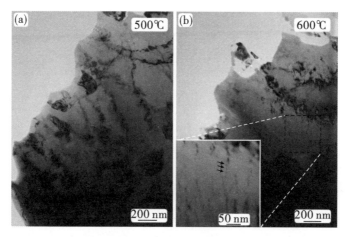

图 5–3 低碳钢孪晶马氏体组织电镜原位加热实验观察

(a)加热至 500 ℃时的明场形貌像,多晶型 α-Fe 小晶粒;(b)同一区域加热至 600 ℃时的明场形貌像,大晶粒内部残留未完全消失的亚晶界,渗碳体小颗粒位于这些亚晶界上。倾转样品会看不到这些亚晶界和碳化物[70]

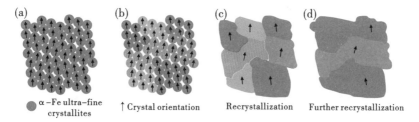

图 5–4 淬火态马氏体组织中细小 α-Fe 晶粒的粗化或再结晶过程示意图

同一颜色表示那些小颗粒的晶体取向很接近。小箭头表示晶体的某一方向。因此在粗化或再结晶过程中,具有近似相同晶体取向的小颗粒最易相互吞并或再结晶

马氏体相变一旦开始,这种再结晶过程就会立即启动,而且随时发生,发生的快慢取决于环境温度。假如 M_s 点在 500 ℃,那么在这个温度所形成的马氏体组织,在样品随后的冷却至室温的过程中,经马氏体相变生成的那些 α-Fe 细小晶粒,会立即发生上述讨论的粗化或再结晶行为,至于粗化到什么程度,自然与冷速相关。从马氏体相变点至室温的自回火过程是无论如何也避免不了的。对于那些马氏体相变点较高的合金来说,室温下看到的碳钢组织自然是马氏体发生退孪晶后的组织而非初始马氏体组织。特别

是对于低碳钢,其 M_s 点一般较高。但对于高碳和超高碳钢,由于 M_s 点比较低,这种自回火的影响不那么明显,最初形成的孪晶马氏体组织中亚结构基本被保留下来而能在室温下观察到。

第二节 回火过程中 ω-Fe₃C 的转变

上一节只关注回火过程中 α-Fe 的转变,这一节只关注回火过程中,淬火态孪晶马氏体中的 ω-Fe₃C 的转变。前面章节已经说明了 ω-Fe₃C 相只位于孪晶界面处,而且颗粒同样非常细小,如果孪晶密度高,就必须将电镜的观察倍率提高。回火观察时,马氏体组织的晶体学取向至关重要,如果马氏体孪晶界面不与观察方向平行则孪晶界面的回火行为就很难说清楚。如何判定孪晶界面是否与观察方向平行,可以通过观察电子衍射和相应的暗场形貌像来决定。在孪晶结构电子衍射谱的晶带轴与电子束方向平行后,再通过暗场形貌像观察,是否能看到明显的孪晶结构形貌特征,如能看到一个个平行的孪晶特征,则此时的孪晶界面平面与观察方向平行[65]。如果不能则说明此时的孪晶界面平面不与电子束方向平行,尽量不采用这样的地方做原位加热观察。

图 5-5 中给出了从室温至 250 ℃时的缓慢电镜原位回火过程。在室温时,可以通过暗场形貌像来确定孪晶或孪晶界面所处的区域。当晶带轴与观察方向一致时,孪晶界面两侧的晶体显示等同的衍射衬度,因此在明场形貌像下,马氏体组织的衍射衬度整体非常明显,显示出黑暗的衬度,再加上孪晶密度高,在低倍下很难看清孪晶界面。这种情形下,一般利用暗场形貌像可以看清高密度孪晶,见图 5-5(c)。此时,亮衬度的地方对应于孪晶晶体所处位置,自然也说明了孪晶界面所处的位置,而那些黑暗的区域则不存在孪晶关系,自然也无孪晶界面(有时会因为孪晶界面与观察方向不平行而不显示出来)。

从室温至 200 ℃看不出明显变化,但在 220 ℃左右孪晶界面处会发生闪电一样的快速变化,变化后的结果见图 5-5(d)~(f)。此时电子衍射可以确定形成的碳化物具有 θ-Fe₃C 渗碳体结构。再仔细观察这些碳化物颗粒所在的位置,发现这些碳化物只在原来的孪晶区域。由于此时孪晶界面或孪晶关系已消失,只有通过回火前后对应的区域来说明碳化物的所在,即原来没有孪晶界面的地方就没有碳化物。前面已详细说明了孪晶马氏体亚结构特征,因此这些碳化物的形成就与孪晶界面区域原来的 ω-Fe₃C 相有直接的关系,而与孪晶的基体部分及其孪晶部分的 α-Fe 无关,由此也可推断碳原子一开始就位于 ω-Fe₃C 相中。如果碳原子存在扩散,那么在电镜样品的观察区域,厚度只有几至几十纳米,而且电镜观察是在真空中进行的,这样的条件下,碳原子扩散至样品表面或真空中才是理所当然的。从电镜的暗场形貌像可以看出,碳化物可以在样品最薄的边缘区形成,这些都说明碳原子扩散的说法证据不足。如果考虑合金碳化物,那么合金碳化物中的合金元素在如此低的温度条件下扩散至碳化物颗粒处是很难理解的。

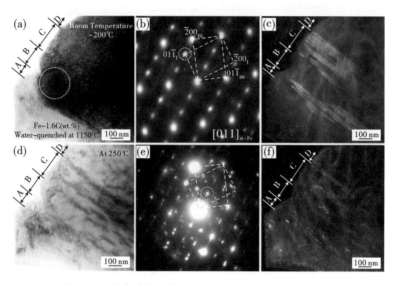

图 5-5　超高碳淬火态孪晶马氏体电镜原位回火观察

（a）~（c）分别为明场像、电子衍射及孪晶的暗场像;（c）中亮衬度区域不仅代表孪晶晶体部分同时包含了孪晶界面处的 ω-Fe₃C 相颗粒;（d）~（f）为回火后的电镜观察。利用渗碳体衍射斑点获得的暗场形貌像,显示出碳化物颗粒只与原来的孪晶晶体或孪晶界面区域部分有关[92]

　　实验结果也说明原来没有孪晶界面的地方,后来也没有观察到碳化物颗粒,说明在碳化物形成过程中碳原子无扩散的证据。这与 α-Fe 中并不能固溶碳原子的理论相符,也与碳化物不能随时随地从铁素体中析出长大的事实相符,再就是长时间高温回火后碳化物基本位于铁素体的晶界上。由于碳化物颗粒细小密度高,此处的碳化物颗粒之间的铁素体亚晶界不能明显地体现出来,需要在更高倍率下转动样品才能看清。这个实验说明孪

晶界面处的 ω-Fe$_3$C 在回火过程中可以瞬间转变成碳化物,电子衍射确定了这种碳化物为 θ-Fe$_3$C 渗碳体。由于转变过程的快速,无法确定 ω-Fe$_3$C → θ-Fe$_3$C 转变的中间过程,后面的章节将详细讨论 ω-Fe$_3$C 如何转变成 θ-Fe$_3$C 型渗碳体结构。

既然碳化物是由孪晶界面上的 ω-Fe$_3$C 转变而来,同时发生的细小 α-Fe 晶粒的粗化或再结晶,如果有碳化物残留在再结晶前沿或两个 α-Fe 晶粒之间的亚晶界上,继续粗化过程会使得这些碳化物被包含在更大的 α-Fe 晶粒中,也可能不能完全包含而留下亚晶界,如图 5-3(b)所示。

那些看上去像位错衬度的线条实际上是亚晶界,继续回火会慢慢消失,线条上的小黑点则是碳化物小颗粒,这种结构特征有时会被看作一种螺型位错,判断的方法其实很简单,继续加热,如果亚晶界上能残留第二相小颗粒,那就是亚晶界,而非螺型位错。细小碳化物颗粒被处于粗化过程中的 α-Fe 晶粒包裹于晶粒内部以及位于亚晶界面上,这两种可能同时存在,正如图 5-4 的示意图中说明的,取决于相邻 α-Fe 晶粒的取向差,差得不多,两个晶粒可以合并成一个,差多了就很难合并。同时还需要考虑两个晶粒之间的界面结构,两者之间的界面共格或半共格则易形成一个晶粒,如界面不共格则易留下亚晶界或晶界。

第三节　碳含量对孪晶密度的影响

将纯铁样品快速冷却下来,无论冷速快慢都观察不到 BCC{112}<111> 型孪晶。对于理论上的纯铁,即便变形也无可能形成该孪晶或 ω 相。但在铁中加入碳原子后,无论碳含量多与少,快冷后的组织中孪晶结构就成为必不可少的一种亚结构形式(图 5-6),而且随碳含量的增加,孪晶密度在增加,这是淬火态碳钢的一个普遍特征[47]。从图 5-6 中可以看出,即便非常少量的碳原子也足够观察到大量孪晶关系的存在。在纯铁淬火态样品中,无法观察到孪晶形成,而在任何 Fe-C 二元合金的淬火态样品中,都可以观察到孪晶关系的形成,这一事实本身就说明了碳原子与孪晶界面的密不可分。由于实验上难以精确测定碳原子的位置,因而碳原子对孪晶密度(对应于孪晶界面的个数,无孪晶界面谈不上孪晶结构)的影响至今未有突破性进展。在该图中同时可以看出 α-Fe 晶粒尺寸的明显差异,少量的碳原子明显阻止了 α-Fe 晶粒长大过程。那么碳原子如何有效地阻止晶粒长大,最有效的且最可能的途径是碳原子或碳化物分布在晶界上,结合后面介绍的细小碳化物颗粒分布特征就很容易理解碳原子是如何有效地阻止 α-Fe 晶粒粗化或长大过程。

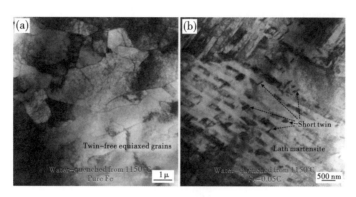

图 5-6　碳原子稳定孪晶结构

(a)纯 Fe 样品淬火后组织结构的电镜明场像,在这些多晶形的 α-Fe 晶粒中很难观察到孪晶结构;(b) 在只有0.05C(wt.%) 添加的二元合金样品中,淬火后可以明显观察到孪晶结构的存在。这些小短片可以通过电子衍射判定为孪晶组织[47]

在这种纯粹的 Fe-C 二元合金中,只能考虑到碳原子对孪晶界面结构的影响。碳含量增加也即碳原子数增多,更多的 ω-Fe 相晶粒被碳原子稳定而成 ω-Fe$_3$C 结构,而 ω-Fe$_3$C 相结构与孪晶界面结构互相稳定,这就导致更多的孪晶界面结构的存在,因此孪晶密度增高,这也是高碳或超高碳钢淬火态马氏体组织中孪晶密度非常高的根本原因。同时由于高碳或超高碳合金所对应的马氏体形成温度较低,随后的自回火过程未对孪晶马氏体组织产生明显的退孪晶行为,从而在马氏体相变过程中形成的孪晶结构基本得以保留。从图 5-1 中可以看出,超高碳淬火态马氏体组织中的孪晶密度很高,每个孪晶片层的厚度只有 1~2 nm,可以说这样的尺寸已薄至最小孪晶片层厚度的极限。这种密度是迄今为止在任何材料中所观察到的最高密度,任何其他材料中可能存在局部高密度,但整体组织中出现如此高密度的孪晶也只有在高碳马氏体组织中观察到。

图 5-6(a)中显示的是淬火态形貌特征,每个 α-Fe 晶粒大小不等,有的大小约几十微米,有的则只有几十纳米,一个重要的根本性问题是这种大小不一的晶粒是如何形成的。由于样品只是纯铁,到处都是铁原子,考虑原子

的扩散显然不合理。那些大的晶粒是从小的晶粒长大而来,问题就是这个长大过程如何考虑。一般理解是小晶粒通过晶界吞并而成大晶粒,也就是再结晶过程,这种再结晶过程往往要求相邻的晶粒之间的晶体学取向相差不大,也就是晶界是属于亚晶界或小角度晶界之类。相邻的晶粒如果晶体取向相差太大则不易通过再结晶而合并,从而保留下来。问题是再结晶之前的小晶粒又是如何形成的,这样的问题可以一直问下去,实际上就是最原始的 α-Fe 晶粒大小是多大,或者说经过马氏体相变最初形成的 α-Fe 晶粒大小是多大,答案就在图 4-13 和图 5-4 中。

第四节　退孪晶的机制和产物

前面几章已说明马氏体相变最初的产物是孪晶组织,本章的电镜原位回火观察证明了低温下(~200 ℃)回火可使孪晶马氏体组织发生退孪晶行为,同时也说明孪晶马氏体组织的不稳定性。这一节将对前面两节的实验结果做一个总结,如图 5-7 所示,在室温下观察到的孪晶马氏体组织:孪晶(由细小的 α-Fe 晶粒组成)以及孪晶界面处的 ω-Fe₃C 相细小晶粒。在图 5-7(b)中,发生退孪晶行为,同时 ω-Fe₃C 相颗粒开始粗化,并发生结构相变,向其他结构的碳化物转变。当这些小颗粒非常接近时,孪晶部分所对应的 α-Fe 结构渐渐变窄,在高分辨点阵条纹像中有时很难看出孪晶晶体部分,而只看出基体部分的点阵条纹像,如图 2-11(d)所示。升温开始后在某一温度下会发生 α-Fe 晶粒的粗化或再结晶,发生明显碳化物转变的点是220 ℃左右,注意这个温度点基本与渗碳体的居里温度相同。

不仅仅是 α-Fe 细小晶粒发生粗化,同时也发生 ω-Fe₃C 相细小晶粒的粗化,只是在这个温度下,ω-Fe₃C 相发生了结构转变而成渗碳体。但 α-Fe 的晶体结构仍保持不变,只是晶粒尺寸和形状特征发生变化而已。在渗碳体形成的同时,孪晶关系特征基本消失,见图 5-7(c)。至于孪晶界面为何会两两靠拢,具体原理将在后面详细讨论。

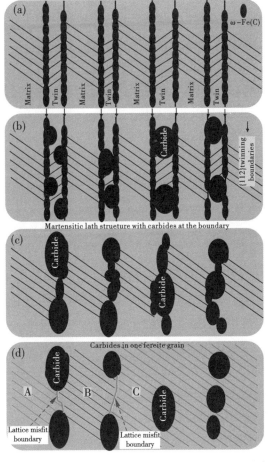

图 5-7　孪晶马氏体组织回火过程的组织演变示意图[69]

　　继续升温,碳化物晶粒在不断粗化,同时 α-Fe 晶粒也在粗化,在这个说明图中并未将细小 α-Fe 晶粒特征显示出来以免复杂化,实际情况则是孪晶界面两侧区域均为细小 α-Fe 晶粒,在回火过程中发生粗化或再结晶。如果 α-Fe 晶粒之间的亚晶界是共格的,则粗化后亚晶界消失而成一个晶粒,这样碳化物就被包含在这个晶粒中,如 5-7(d)的右半部所示。

　　这种现象往往发生在相对高温的回火或自回火过程中,也就是通常所说的贝氏体转变温度附近,或者工业上常说的 QP(quenching-partitioning)过程,这些过程其根本原理是一样的,只是说法不同而已。如果亚晶界不共格,则这样的亚晶界继续保留或残留,碳化物颗粒就残留在这些亚晶界上。

这种亚晶界一般被认为是位错,是亚晶界还是位错本身并不重要,知道这些是如何形成的才是最重要的,继续升温只是重复上述演变过程而已。

α-Fe 晶粒的粗化或再结晶的驱动力来源于回火温度,而 ω-Fe$_3$C 相细小晶粒的粗化主要来源于 α-Fe 晶粒的粗化过程,该过程会使 α-Fe 晶粒之间的界面发生"移动"(这种"移动"并不是指原来的晶界在动,而是原来的晶界消失或两个晶体合并成一个晶体),由于 ω-Fe$_3$C 细小颗粒一直位于 α-Fe 晶粒之间的界面处,界面的"移动"会使这些 ω-Fe$_3$C 细小颗粒发生聚合,而后发生向碳化物的转变。这种晶界的"移动"正对应于"位错"的产生和湮灭的过程。

碳钢中各种各样的组织形态,如珠光体组织,都可以由这一过程来解释,图 5-7(c)本身就是珠光体组织的示意图。碳钢中珠光体组织的形成机制一直被认为是共析反应,但迄今为止,没有任何证据可以证明共析反应是真实的,或者说"共析反应"是从来没有证据的。简而言之,珠光体组织与共析反应并无关联。碳钢中不同的组织形态主要与这种退孪晶行为发生的温度和时间有关,当然也与碳含量有关,但碳含量的高与低只是影响那些碳化物颗粒数的多与少或尺寸的大与小而已。碳含量高则碳化物颗粒数增加,碳含量低则相应减少图 5-7 中的碳化物颗粒数,但并不影响整个退孪晶过程。对于纯铁,则将图 5-7 中的那些 ω-Fe$_3$C 全部去除,其他过程不变,但纯铁的这一过程却是发生于高温,即 912 ℃左右,因此这样的过程是快速的,也是室温下无法观察的。

从原子层次上理解这种退孪晶行为是必不可少的,在此之前首先说明孪晶界面本身的移动问题,见图 5-8。由于孪晶界面上的 ω-Fe$_3$C 相在结构上与界面两侧的 α-Fe 结构是完全共格的,而且由于 ω 与 BCC 点阵之间的互换性,即两种点阵之间的相变能较低,易发生这样的结构转变[41]。但这种转变只表明沿孪晶界面平面的垂直方向的移动比较容易发生,而沿孪晶界面平面的移动则很难发生,这也是孪晶马氏体组织退孪晶过程中易形成板条组织的根本原因。由于碳原子只是位于间隙的原子,并不会影响这些点阵上的铁原子的变换,但会随着结构变换一起与 ω-Fe$_3$C 相发生运动。

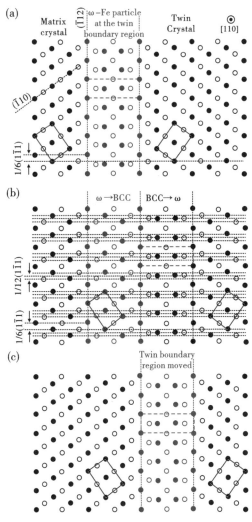

图 5-8 碳钢马氏体孪晶界面原子结构示意图

通过 ω-Fe$_3$C 与 BCC 点阵之间的互换性,界面
区域的 ω-Fe$_3$C 相颗粒可以在垂直孪晶界面的方向
上移动,无须很大的驱动力。由于碳原子只是间隙
原子,并不会明显影响这种点阵互换[67]

    退孪晶的驱动力来源于温度,但原子具体如何运动可以结合图 5-8 和
5-9 来理解。由于单独的 ω-Fe$_3$C 相颗粒以及理想的孪晶结构都是非常不
稳定的,两者之间是相互依存的关系,在回火过程中都会发生转变,又由于

ω-Fe₃C 和孪晶界面结构的相互稳定使得这两种结构不能随意转变。细小 α-Fe 晶粒在回火时的粗化过程会推动这些界面上的 ω-Fe₃C 相颗粒发生移动，而这种移动无必要通过单个原子的扩散来完成，完全可以通过上述的 ω-Fe₃C 与 BCC 点阵之间的互换性来完成，结果就是 ω-Fe₃C 相晶粒沿垂直孪晶界面方向发生移动，无论是向左移动还是向右移动都会碰上另一个孪晶界面，如图 5-9(a)和(b)所示。这种首先发生移动的往往是孪晶层比较薄的两侧界面，随后两侧界面相遇，如图 5-7(b)所示，同时 ω-Fe₃C 相颗粒相遇变大而发生结构转变，孪晶层消失，达到退孪晶效果。

在图 5-9 的孪晶界面移动过程中没有考虑 ω-Fe₃C 相颗粒的存在，只是说明退孪晶的机制。如果首先考虑图 5-9，再加上图 5-8，而后就可以完全理解图 5-7 了，这样能全部理解碳钢中各种组织的形成过程。对于纯铁，没有碳原子协助孪晶界面结构来稳定 ω-Fe₃C 相，此时的退孪晶行为就会快速地发生在较高温度，也就是 γ → α 转变的温度点，这也是在室温下无法观察到纯铁的孪晶结构存在的原因。

在图 5-9(a)中，理论上所有 {112} 面均有机会成为孪晶界面，但由于这个孪晶面从根本上来说是受到 FCC 母相的 {110} 面限制的，这里将这种可能性画在一起但并不代表一个马氏体组织中具有这种特征。一个马氏体组织中往往只有某一个 {112} 面为孪晶界面，务必不能将图 5-9 (a) 看成一个孪晶马氏体组织，这里将不同孪晶面放在一张图上只是为了更简单明了地说明更多问题而已。与图 5-9(a)相比，在图 5-9(b)中只是标出了即将发生移动的孪晶面以及移动方向，孪晶界面易发生运动的方向是沿垂直于孪晶界面平面的方向，并随意画出几个界面的运动方向来讨论。当第一个或最左边的绿色箭头代表的孪晶面快速向右移动并与其前进方向上的孪晶界面合并后，参见图 5-9(c)，此时这个孪晶界面消失后所形成的晶体点阵与其右边晶体相似，或具有相近的晶体学取向，如此就留下一个类似于板条马氏体之间的界面，或者说这样的退孪晶行为可能就是板条马氏体组织的形成机制。

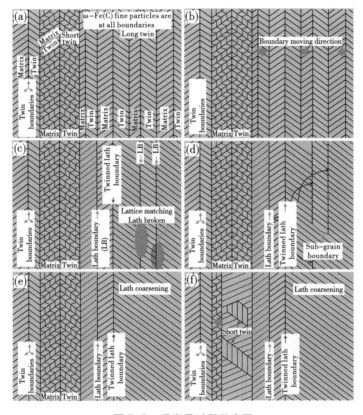

图 5-9　退孪晶过程示意图

这些图中画了两个 {112} 为孪晶面是为了方便说明问题,实际上在一
个孪晶马氏体组织中只有一个 {112} 为孪晶面,而不存在两个 {112} 都为
孪晶面的。为了简便,孪晶界面上的 ω-Fe₃C 相没有在图中显示出来。图
中所示理想的孪晶界面结构实际上是不存在的。所有孪晶界面上必定存
在 ω-Fe₃C 相,这样才是真实的[67]

　　同样的行为发生在右边两个孪晶界面上,与图 5-9(b)相比,在图 5-9
(c)中,右边两个绿色箭头所指的孪晶界面消失后并与其中间的夹层形成同
样的板条马氏体形态。考虑到孪晶界面处的碳化物颗粒,如果这两个亚晶
界面上某一处的碳化物颗粒足够大到碰在一起,则此处就会成为一个连接
点而形成更大一点的碳化物颗粒。如果在图 5-9(c)中的绿色区域,BCC 点
阵完全共格,则会形成如图 5-9(d)中的结构形式,此时对应区域中的界面
已经不再是孪晶界面而是正常的晶界或亚晶界了。随温度上升,再结晶行

为继续,晶粒会继续粗大化,类似的行为可以同时发生在以不同{112}面为孪晶界面的孪晶组织中,如图 5-9(f)所示。

上述三个示意图只说明孪晶中间部分,而孪晶两端的情况可以参见图 5-10。这是一个超高碳孪晶马氏体退孪晶后的碳化物球化或粗化过程的扫描电子显微像。照片中的黑色背景为多晶 α-Fe 相,亮点为渗碳体颗粒,这些颗粒明显形成一个封闭的两个长边近似平行的线圈。如果只从这些圈的中间部位取一部分,就类似于图 5-7(c)的结构示意图。对图 5-10 中的组织继续升温回火,这些白色亮点对应的渗碳体颗粒会进一步团聚在一起而形成更大的渗碳体颗粒,这种进一步团聚的原因是来自于基体 α-Fe 晶粒的粗化或再结晶行为,此过程会推动 α-Fe 亚晶界面上的碳化物颗粒移动。由于渗碳体本身是从 ω-Fe$_3$C 相转变而来,ω-Fe$_3$C 相与 α-Fe 相具有固定的晶体学取向关系,那么局部区域内渗碳体颗粒之间的取向也基本一致,当这些渗碳体颗粒聚在一起也会发生类似于 α-Fe 细小颗粒再结晶的粗化行为。

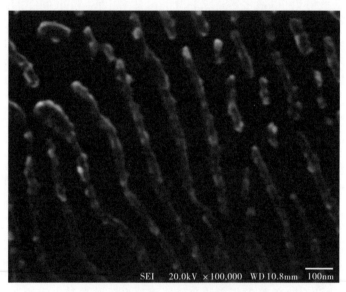

图 5-10　超高碳孪晶马氏体组织退孪晶过程中,碳化物发生球化过程片段的扫描电镜像

黑色背景为铁素体,白色亮点为渗碳体小颗粒

　　奇异的特征是细小碳化物都围成一个线圈在收缩,在此过程中粗化或再结晶。部分线圈随时可以断开成一个大一些的碳化物颗粒,在何处断开则取决于线圈两边在何处并拢合并。这些都取决于局部区域的 α-Fe 基体相晶粒的粗化或再结晶过程,细小碳化物颗粒本身不会自行运动,催动碳化物颗粒运动的力量自然来自基体 α-Fe 相晶粒的粗化或再结晶过程。这种细小碳化物的近似平行的线圈式组合方式与第七章中有关珠光体组织的亚结构相同,所以这里的解释同样可以用来解释珠光体组织的形成。这种组织特征应该是退孪晶过程中的初步行为,即孪晶结构在慢慢消失,ω-Fe$_3$C 相开始转变成渗碳体,并发生碳化物的球化或粗化过程。这是一个复杂的协同变化的过程,在此过程中或退孪晶过程中,同时发生的有:①基体 α-Fe 相晶粒的再结晶而粗化;②ω-Fe$_3$C 相颗粒聚合;③ω-Fe$_3$C 相向其他结构碳化物转变;④孪晶关系在消失;⑤α-Fe 相晶粒以及碳化物的形态也在发生变化。

　　在高倍下做形貌观察,可以看清图 5-10 中的线圈式结构特征,同样的结构在低倍电镜下,则只能看到碳化物的一个片层状形貌特征,如图 5-11 所示。在这个图中,很自然地认为整体样品为珠光体组织,所以图 5-10 中的结构实际上揭示了珠光体组织形成过程中的某一片断。

　　有关退孪晶过程的分析可以帮助理解室温下观察到的淬火态样品中孪晶密度的变化。在高碳范围,淬火态马氏体组织的亚结构为孪晶是被公认的,也是大量实验结果证明了的。在极低碳淬火态组织中同样可以观察到孪晶的存在,但密度较低。总之,无论碳含量的高低,总可以在淬火态马氏体组织中观察到孪晶的存在,因此有必要对孪晶密度与碳含量的关系在此做一个简单定性的总结,如图 5-12 所示。图中碳含量为零则为纯铁,在纯铁的样品中无论如何淬火都观察不到孪晶的存在。但依据第四章中的相转变机制,在 BCC 结构刚形成时,孪晶可能存在过,由于纯铁的相变温度较高,可以在非常短的时间内完成退孪晶过程,在室温下则无法观察到孪晶的存在。

　　在快速冷却条件下,马氏体相变温度随碳含量的增加而降低,从而退孪晶程度在减弱,更多孪晶得以保留。这里没有考虑奥氏体相的存在,所以刚开始形成的孪晶可以是一个等量的水平线,这是由相变原理决定的,图中的退孪晶密度虚线走势与 Fe-C 二元合金中的马氏体相变开始温度 M_s 点随碳含量的增加而下降的变化趋势类似。

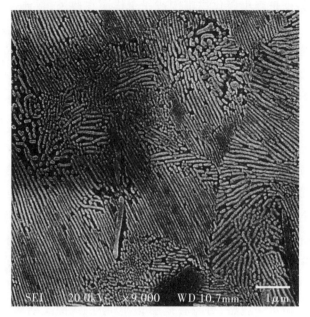

图 5–11 对应图 6–10 的低倍扫描电镜像

黑色背景为铁素体,白色区域为渗碳体。低倍电镜下为典型珠光体组织特征。但在高倍电镜下却可以看出每层渗碳体都是由两层渗碳体组织的。注意:这种特征取决于珠光体所处的热处理阶段,在热处理后期这种两层特征往往会消失

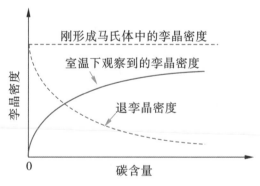

图 5–12 淬火态碳钢马氏体组织中,孪晶密度与碳含量的定性关系分析

实线代表实验观察结果推断,虚线代表理论推测

早先的原位加热观察以及回火实验结果也说明了渗碳体易在孪晶界面处形成[93-105]，但由于观察时没有严格考虑孪晶马氏体的方向性，且混合观察到其他区域的马氏体组织，从而导致对实验结果的真实过程很难解释清楚，但孪晶界面处作为碳化物优先形成的区域是易证明的，为何孪晶界面可以作为渗碳体优先形核的根本原因已在本章中得到详细解释。在二元 Fe-C 合金中，原位加热实验观察到渗碳体碳化物形成之前并未观察到其他类型的碳化物，如 ε-M_2C 型碳化物。除渗碳体碳化物外，ε-M_2C 型的碳化物的形成很可能与合金化元素有关。在二元 Fe-C 合金中，回火过程中唯一发生结构变化的就是孪晶界面上的 ω-Fe_3C 相，由于碳原子的原因，ω-Fe_3C 相不可能完全像 α-Fe 细小晶粒那样只发生粗化或再结晶行为，碳原子的含量及位置的关系将会使 ω-Fe_3C 相最终向常见的渗碳体转变，具体转变过程将在下一章中详细介绍。

◀◀ **本章小结** ▶▶

这一章的主要内容都在图 5-7 中，图 5-7(a) 就是淬火态中最初形成的马氏体组织（α-Fe $\{112\}$ <111> 孪晶关系加孪晶界面 ω-Fe_3C，均为细小晶粒）。随后的图 5-7(b) ~ (d) 代表了一般碳钢中几种典型的微观组织，而这些组织的形成过程就是本章后半部所解释的退孪晶过程。一般碳钢中的微观组织就这么简单，就是由两相（α-Fe 以及 ω-Fe_3C 相关的碳化物）晶粒或颗粒混合而成，某些热处理条件下混合成珠光体组织，某些条件下可以混合成板条马氏体组织，等等。由于孪晶马氏体组织的微观结构特征及其易脆断行为，所以碳钢在使用时一般会消除这种孪晶结构，也就是需要退孪晶从而提高碳钢的韧性或塑性，因此理解图 5-7(b) ~ (d) 中的原理是至关重要的。与奥氏体结构的钢种不同，在实际使用的碳钢中几乎不可见 α-Fe $\{112\}$ <111> 孪晶关系。

第六章
θ-Fe₃C 渗碳体的先驱体
——ω-Fe₃C 相

渗碳体作为碳钢的重要组元之一,一直是碳钢强度的主要来源。在铁中加入碳元素后,碳原子的作用是形成碳化物,且分布在各种界面上阻止 α-Fe 晶粒再结晶,从而起到提高强度和硬度的作用。与传统意义上的形核长大不一样,本章将说明一种从 ω-Fe₃C 相颗粒的粗化过程直接形成渗碳体(θ-Fe₃C)的新型微观机制。研究碳钢而不研究碳化物反而是令人费解的,因此对碳化物,特别是渗碳体(θ-Fe₃C)的形成机制的研究从没有间断过,但由于细小颗粒的特征,这方面的研究进展缓慢,甚至有关渗碳体本身的晶体结构仍存疑问,主要是很难做出大块渗碳体的单晶样品,从而很难利用 X 射线或中子衍射技术精确测定以及推断少量原子的位置,尤其是碳原子的位置。粉末样品难免有杂相,碳化物颗粒与 α-Fe 相共存的样品又会对分析带来影响。

一般认为马氏体组织中的碳化物是从 Fe-C 过饱和固溶体中析出并通过扩散形核长大而成,这样的认知却遗留下诸多难以理解的简单事实,如:①碳钢经过长时间中温回火后的碳化物颗粒基本位于铁素体的晶界上;②形核长大需要源源不断的碳原子在 α-Fe 晶格中自由扩散至碳化物颗粒处,这与 α-Fe 晶格中固溶很少碳原子的事实不符;③同一样品如果在 500 ℃长时间回火形成碳化物后,再经过稍高温度如 600 ℃温度回火,碳化物颗粒在长大过程中碳原子从何而来;④在低温回火过程中形成的合金碳化物中的合金元素如何扩散至碳化物颗粒处;等等。

传统的说法是细小颗粒的碳化物发生分解,分解后的自由碳原子向大一些的碳化物"认祖归宗"。且不说这种碳原子向大一些碳化物扩散的理由,根本性的问题是多小的碳化物应该分解,从来没有在科学上有一个明确的解释。在比较低的温度下,如 200 ~ 300 ℃ 这样的温度条件下,碳钢中各种元素到处随意扩散是不可想象的事情。传统的基础理论已经无法帮助人们科学地思考和合理地解释渗碳体形核和长大的简单事实。另一个简单现实是为何 Fe-C 二元合金中普遍的碳化物是 θ-Fe$_3$C 型结构,即 Fe:C = 3:1,而非其他任何一个化学成分配比。

由于技术上很难准确测量碳钢中局部区域碳原子的含量和位置,目前对碳原子在碳钢中的行为仍然认识有限,但有一点非常明确,即碳原子最终必定在碳化物中。因此研究碳化物的形成和长大过程对正确认识碳原子在钢中的行为必有帮助。从 Fe-C 二元平衡相图来看,除高温奥氏体相外,碳钢的组织就只是铁素体与碳化物;而渗碳体是最常见的一种碳化物,其晶体结构为正交,空间群 $Pnma$,点阵常数为 $a \sim 4.524$ Å, $b \sim 5.088$ Å, $c \sim 6.741$ Å[106-110],一个渗碳体晶胞中有 12 个铁原子和 4 个碳原子。渗碳体是在 723 ℃ 以下稳定的晶体相,更高温度会分解或相变。在 220 ℃ 附近具有一个居里转变温度,从低温向高温由铁磁向无磁转变,有关磁性这点其实没有多少确凿的证据,这也说明对渗碳体的了解还不够深刻。

无碳不成钢和淬火成钢之类的通俗说法都说明碳原子与马氏体组织在碳钢中的作用。前面已说明在超高碳孪晶马氏体组织中,孪晶界面上的 ω-Fe$_3$C 相在 220 ℃ 左右瞬间转变成渗碳体颗粒,这种转变之快速使我们无法精确确定其转变过程。但从淬火态超高碳钢的微观结构观察中已发现一些其他结构的碳化物,既不能标定为 ω-Fe$_3$C 也不能标定为其他熟知类型的碳化物。在超高碳的 Fe-C 二元合金中,那些淬火珠光体组织中的其他类型的碳化物必定与 ω-Fe$_3$C 和 θ-Fe$_3$C 有关联。

自奥氏体向马氏体组织发生相变(M_s 点)后的过程,实际上是 ω-Fe$_3$C $\rightarrow \theta$-Fe$_3$C(Polymorphic Transformation,同分异构转变)和 θ-Fe$_3$C 粗化的过程。相变后 α-Fe 与碳原子无任何形式的关联,只是自身再结晶成不同大小和形状的晶粒而已,而后 α-Fe 和 θ-Fe$_3$C 两种组元发生不同形式的组合,从而形成不同形貌的微观组织,这里不讨论奥氏体组元。理解了 ω-Fe$_3$C $\rightarrow \theta$-Fe$_3$C 转变和 θ-Fe$_3$C 粗化的过程实际上就可以理解整个碳钢组织形成的机制,遗憾的是由于技术上的限制,单独依靠实验手段很难深入地研究碳钢马氏体相变后 θ-Fe$_3$C 的形成机制,主要原因是由于颗粒极细小,难以对这种细小晶粒单独分析研究。

第一节 ω-$Fe_3C \rightarrow \omega'$-$Fe(C)$ 相结构的转变

前面介绍的退孪晶过程中,由于细小 α-Fe 晶粒的粗化,在 α-Fe 孪晶界面上的细小 ω-Fe_3C 晶粒会被推挤在一起而发生相似的粗化行为,但由于碳原子的存在,粗化后导致不同晶体结构的碳化物形成,其简单原理如图 6-1 所示。这种粗化过程可以通过若干细小 ω-Fe_3C 晶粒的团聚来实现而非单个碳原子的扩散。具体会形成哪种新型中间碳化物,取决于作为间隙原子的碳原子的位置和含量,从而发生 ω-Fe_3C 相向其他结构的瞬间转变,同时也说明了 ω-Fe_3C 不能长大的根本原因。

既然 ω-Fe_3C 如此细小,通常的衍射技术很难测定出 ω-Fe_3C 就不难理解了。在图 6-1 中只考虑了两种情形,第一种是两个 ω-Fe_3C 与两个 ω-Fe 相遇,此处的 ω-Fe 可以是从 α-Fe 晶格临时转变而成。相遇后的结果是新型碳化物的出现,根据图 6-1(c)和(f)中的红色虚线的圈定,很容易画出这个新结构的单胞原子构造,并由此可以计算出新结构的点阵常数和相应的原子位置。

与图 6-1(g)相比,图 6-1(d)中的碳含量少了一半,这些都不影响新型碳化物基本结构的选定。现在暂时将图 6-1(g)的结构命名为 ω'-Fe(C) 或 ω'-Fe_6C_2 相,其晶体结构参数为:正交结构,且

$$a_{\omega'} = 4.033 \text{ Å}$$
$$b_{\omega'} = 2.470 \text{ Å}$$
$$c_{\omega'} = 6.986 \text{ Å}$$

这些点阵常数的计算是基于:

$$a_{\omega'} = a_\omega, b_{\omega'} = c_\omega, c_{\omega'} = \sqrt{3}\, a_\omega,$$

$$a_{\alpha\text{-Fe}} = 2.852 \text{ Å} \ (a_\omega = \sqrt{2}\, a_{BCC}, c_\omega = \frac{\sqrt{3}}{2}\, a_{BCC})\,。$$

对 ω'-Fe_6C_2 相来说,所有原子的位置均是原来 ω-Fe_3C 的位置,既没有多出也没有少了什么原子,连位置也没有一点差别,就是单胞结构重新选择(物理上一般称为选择对称性),因此 ω'-Fe_6C_2 相也可以写成 ω'-Fe_3C 相,但它们(ω-Fe_3C,ω'-Fe_3C)具有不同的晶体结构和参数。这是一种典型的尺寸效应而引起的结构相变,同时可以看出六角晶系向正交晶系的转变。

从图 6-1 中可以看出,具有相同晶体结构,可能化学成分不同。而具有

相同化学成分的,可能晶体结构不一样,这是由晶体结构的稳定性决定的,所以从 ω-Fe₃C 转变成 ω'-Fe₃C 过程只是一个纯粹的尺寸效应,或者说,在 ω-Fe₃C 粗化过程中"瞬间"自动形成 ω'-Fe₃C 新型碳化物(这种转变实际上不需要时间。这也是第五章中的实验上只看到闪电一样的光亮的原因),这里同样很自然地解释了正交结构碳化物的形成机理。

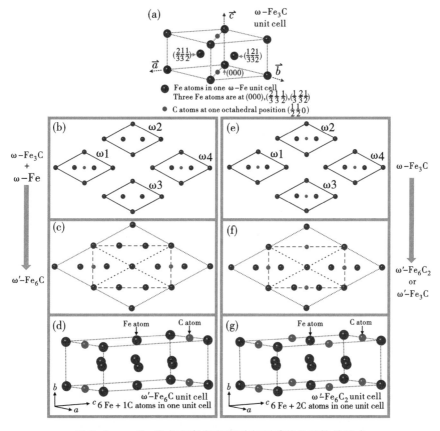

图 6-1　ω-Fe₃C 相晶粒粗化导致新型碳化物结构的形成

(a)ω-Fe₃C 单胞结构的立体示意图,每个蓝点代表一个铁原子的位置,其中红色小点代表八面体位置的碳原子;(b)和(e) ω-Fe₃C 相晶粒粗化或长大过程;(c)和(d) 是与(b)对应的 ω'-Fe(C)或 ω'-Fe₆C 相单胞结构示意图;(f)和(g) 是与(e)对应的 ω'-Fe₆C₂ 或 ω'-Fe₃C 相单胞结构示意图[111]

　　由于 ω-Fe₃C 和 ω'-Fe₃C 具有完全相同的原子排列,选区电子衍射谱也自然不存在差异。电子衍射谱只是晶体正空间的原子排列特征在倒易空间上的反映。只要正空间原子排列一样,倒易空间的衍射斑点的排列方式也一样。完全相同的电子衍射特征导致实验上无法观察 ω'-Fe$_3$C 碳化物的形貌特征和分布,但可以从 ω'-Fe$_6$C 相特征来推断。如何确定图 6-1 中 ω'-Fe$_6$C 相的存在,则是由实验和计算结果的吻合来证实的。由于这些碳化物颗粒均特别细小,无法通过正常的倾转试样来获得一套电子衍射谱确定其晶体结构,同时由于几种细小碳化物的同时存在也给实验上的确定带来困难,但由 ω'-Fe$_6$C 相结构可以计算出各种取向的电子衍射谱,并与实验衍射谱对照比较,从而可以相对容易地确定各种亚稳碳化物的晶体结构以及碳含量。

第二节　ω'-Fe(C)相的特征与分布

从图 6-1(g)可以看出,ω'相存在三种形式。一种是图 6-1(g)给出的 ω'-Fe$_6$C$_2$相,一种是图 6-1(d)给出的 ω'-Fe$_6$C 相,还有一种是将图 6-1(g)中左右两侧的碳原子去掉而只保留中间一层的碳原子,这样的结构同样具有 ω'-Fe$_6$C 化学式,见图 6-4(a)。图 6-2 中给出了 ω'-Fe$_6$C 相所对应的电子衍射和形貌特征以及分布区域。

由于 ω'-Fe(C)相是从 ω-Fe$_3$C 小晶粒粗化或再结晶过程中转变而来,而 ω-Fe$_3$C 是细小晶粒且仅位于孪晶界面处,这些 ω'-Fe(C)相也应是细小颗粒且必须位于 α-Fe 的晶界或亚晶界处(由原来的孪晶界面演变而成)。

在淬火态超高碳钢样品中,除残余奥氏体组织和孪晶马氏体组织外,总可以观察到局部区域的淬火态珠光体组织见图 6-3(a)。但这个淬火态珠光体组织[图 6-3(b)]中的渗碳体片层中的碳化物并不完全是典型的 θ-Fe$_3$C,而可能是 ω'-Fe(C)相或其他后面所介绍的亚稳碳化物。在这种珠光体组织(以前也叫索氏体组织)中,碳化物的分布与典型珠光体组织中渗碳体的分布非常相似,呈片层状的分布特征。

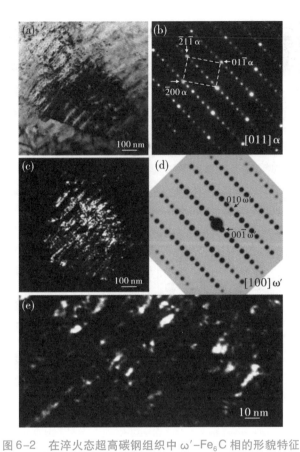

图 6-2　在淬火态超高碳钢组织中 ω'-Fe₆C 相的形貌特征

（a）珠光体组织的明场电镜像；（b）对应的 ω'-Fe₆C
相和 α-Fe 相共存的电子衍射谱，所有的衍射斑点均为
ω'-Fe₆C 相的衍射；（c）对应 ω'-Fe₆C 相的暗场形貌像；
（d） ω'-Fe₆C[100] 晶带轴的模拟电子衍射谱；（e） ω'-
Fe₆C 相颗粒局部放大图，可以看出 ω'-Fe₆C 相只有 2～3
nm 大，那些个别大的地方是由于有很多相同取向的颗粒
的聚合[112]

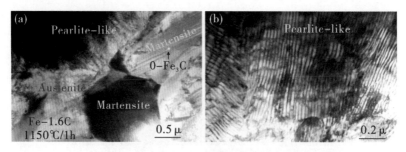

图6-3 电镜明场形貌观察表明在超高碳淬火态样品中经常出现的三种组织

(a)残留奥氏体,孪晶马氏体,珠光体;(b)珠光体组织的放大图。这种珠光体组织往往在金相组织中呈现出小黑点的特征,黑色片层中主要是 ω'-Fe(C)相的晶粒[112]

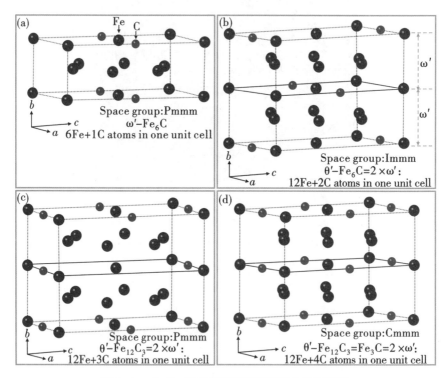

图6-4 θ'-Fe$_3$C 相结构单胞的原子位置示意图

实际上是由两个 ω'-Fe$_3$C 相单胞沿其 b 轴方向叠加而成。蓝色球代表铁原子,红色小球代表碳原子。三轴相互垂直,因此单胞呈正交结构。如果沿 b 轴方向中间一层的碳原子缺少两个,则不得不这样选择单胞结构。这里并没有把应该缺失的两个碳原子删掉。比如可以把中间一层的最左边和最右边的碳原子去掉[111]

第三节 ω'-Fe(C) → θ'-Fe(C) 相结构的转变

根据图 6-1,如果 ω'-Fe₃C 或 ω'-Fe(C) 相沿其 b 轴方向或垂直于纸面方向扩展,见图 6-4(b),则可以得到一个新相,暂命名为 θ'-Fe(C) 或 θ'-Fe₃C 相,同样具有正交结构,但与 ω'-Fe(C) 相比,θ'-Fe(C) 相的点阵常数为:

$$a_{\theta'} = 4.033 \text{ Å}, \quad b_{\theta'} = 2 \times 2.47 \text{ Å} = 4.94 \text{ Å}, \quad c_{\theta'} = 6.986 \text{ Å}。$$

在图 6-4(c) 和(d) 中,上下两部分的结构以及碳原子的分布可以一样,也可以不一样。但如果中间层中的碳原子少了两个[图 6-4(c)],则这样的 θ'-Fe(C) 相结构就易形成。根据图 6-4 同样可以计算出这个 θ'-Fe(C) 相的相应电子衍射谱,其中典型的电子衍射谱见图 6-5。

实验电子衍射谱中那些弱斑点对应的衍射只能用 θ'-Fe(C) 相来标定。利用已知的碳化物参数,特别是用正常的 θ-Fe₃C 渗碳体结构根本无法标定。这些亚稳的新型碳化物并不少见。将图 6-4(d) 沿其 a 轴方向增加一个 θ'-Fe(C) 甚至可能出现另一种新的碳化物。这样的变化完全取决于作为间隙原子的碳原子的位置或含量。

发生这种不断重复而产生新型碳化物的理由其实很简单。从最小的 ω-Fe₃C 相晶粒考虑,这种晶粒之间的相遇来自不同的方向,但晶粒之间的晶体学取向却基本一致。取决于相聚时的状态而产生不同的中间碳化物,如 ω'-Fe(C) 和 θ'-Fe(C) 可以同时产生等。这种新的中间碳化物的形成主要与碳原子的位置和含量有关,当几个相同种类的小颗粒碳化物相聚时,如图 6-1 所示,碳原子对新结构的选择具有决定性作用。这种结构的转变是瞬间完成的或根本不需要时间,只要有足够的细小 ω-Fe₃C 相晶粒相聚,就会立即发生相应的结构转变,也就是晶体学上的对称性选择。这里只能从几何上由小变大的过程来说明几种中间碳化物的形成过程,并配合计算和实验上观察到的电子衍射谱来验证这种碳化物粗化过程的真实性。这是碳化物颗粒的运动,而不是单个碳原子的扩散行为,虽然结果是类似于碳原子的扩散,但过程并不能用碳原子的自由运动来说明。

同为正交结构,ω'-Fe₃C 新型碳化物仅点阵常数与 θ'-Fe₃C 不同,与 ω'-Fe₃C 相比,仅 $b_{\theta'}$ 变成原来的两倍。这两种碳化物几乎同时存在,其形貌特征也相似,只是 θ'-Fe₃C 的颗粒度稍大一点,一般情形下很难区分。

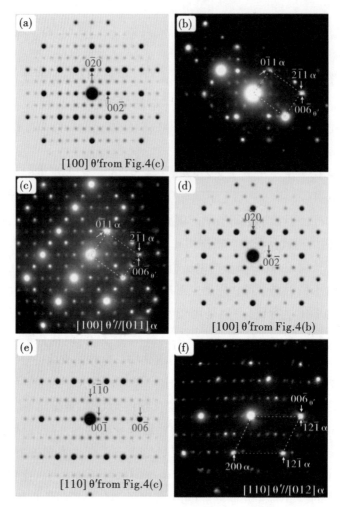

图 6-5　θ′-Fe(C) 相结构模拟计算的电子衍射谱与实验衍射谱的比较[111]

第四节　θ′-Fe₃C → θ-Fe₃C 的转变

前面已讨论了 ω-Fe₃C 在回火过程中逐步向 θ′-Fe(C) 碳化物转变的过程,在 200 ℃以上,最终形成的碳化物是 θ-Fe₃C 结构。在 ω-Fe₃C → ω′-Fe(C) → θ′-Fe(C) 转变过程中,铁原子的位置没有任何变动,只是纯粹的尺寸效应,上述转变只是由于间隙碳原子的存在而发生的晶体结构重新选择。基于 ω-Fe₃C 作为先驱体而产生的几种可能的碳化物结构,成分和相应的点

阵常数等参数列于表6-1中,在这些碳化物中,由于化学分子式相同,均为
Fe₃C,因而可称它们是渗碳体的同质异形体(polymorph),也叫同分异构体。
从 ω-Fe₃C 向 θ-Fe₃C 转变过程中,除表中列出的两种亚稳碳化物外,还可能
出现其他亚稳碳化物。

表6-1 ω-Fe₃C 各种同分异构体碳化物相关参数比较

碳化物种类	单胞中原子数	晶体结构	点阵常数
ω-Fe₃C	FeH : 3 C : 1	hexagonal	$a = 4.033$ Å $c = 2.470$ Å
ω′-Fe₃C	Fe : 6 C : 2	orthorhombic	$a = 4.033$ Å $b = 2.470$ Å $c = 6.986$ Å
θ′-Fe₃C	Fe : 12 C : 4	orthorhombic	$a = 4.033$ Å $b = 4.940$ Å $c = 6.986$ Å
θ-Fe₃C	Fe : 12 C : 4	orthorhombic	$a = 4.524$ Å $b = 5.088$ Å $c = 6.741$ Å

如何理解 θ′-Fe₃C → θ-Fe₃C 的转变是这章的重点,虽然这两个相都是
正交结构,化学成分也完全一致,但点阵常数和铁原子位置还存在差别,这
里首先将已知的渗碳体晶体结构简单介绍在图6-6中。常见的 θ-Fe₃C 渗
碳体单胞示于图6-6(a)中,该图中的坐标原点不在任何原子上,这是为了
最简化单胞中原子个数而采用的一种表示方式或者说是考虑了对称性后的
结果。通过其他图示,θ-Fe₃C 渗碳体单胞可以从图6-6(a)变换成图6-6
(e)。比较图6-4(d)中的 θ′-Fe₃C 晶体学单胞的原子结构可见,θ′-Fe₃C 和
θ-Fe₃C 两者单胞中的原子位置有所差异,所以从 θ′-Fe₃C → θ-Fe₃C 就必须
牵连到原子位置的移动,自然对应于结构的变化,可以将 θ′-Fe₃C → θ-Fe₃C
看成一种相变。

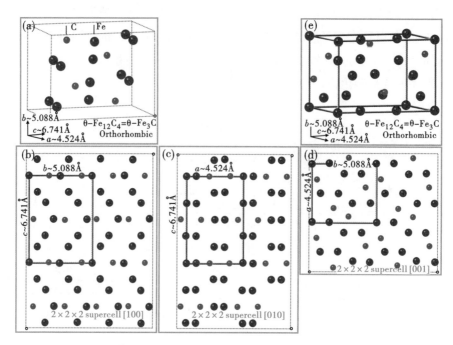

图 6-6　已知 θ-Fe₃C 原子结构的重新划分

(a)公认的 θ-Fe₃C 相单胞的原子结构示意图;(b)~(d)将(a)中单胞数扩大,而后沿三个基轴方向重新规划单胞,以便铁原子在坐标原点;(e)重新选择单胞后的原子结构示意图。这样的选择只是将(a)中的坐标平移,并未改变任何原子位置[113]

　　从三维结构去理解原子移动比较困难,特别是单胞中有多个原子,这里可以首先从三维方向的某一个基轴出发以便明白原子移动的机制,而后再验证其他方向。图 6-7 给出了二维原子分布并示意出 θ′-Fe₃C → θ-Fe₃C 的转变过程或路径,图 6-7(a)是 θ′-Fe₃C 一个 2 × 2 × 2 超单胞三维原子结构示意图,从这个图中可以看出碳原子的位置,如果完全是二维图,则由于原子在垂直方向的重叠而看不出碳原子的位置[图 6-7(b)]。此时的 θ′-Fe₃C 结构就是 ω 结构或点阵(这种碳化物的晶体结构可以按照正交结构来确定,在只考虑铁原子的情形下,铁原子的排列点阵是 ω-Fe)。已经知道单纯的 ω 结构是很不稳定的,需要向稳定结构转变,即要发生 ω → α 的转变。图 6-7(c)即是这样转变后的结果,很显然转变后应该是 α-Fe,然而这不现实,因为是碳化物,这里必须考虑碳原子的存在。考虑碳原子的存在,图 6-7(c)的结构就不能实现,但是转变路径是沿着 ω → α 的方向转变。在图 6-7

（c）中，点阵参数已经调至 θ-Fe₃C 渗碳体的点阵参数。图 6-7（d）是θ-Fe₃C 渗碳体的原子投影图，比较这两个图［图 6-7（c）和（d）］可以看出它们极其相似。有意思的是这两个图中的红色虚线变成了孪晶界面，而且碳原子就位于这些虚线所对应的平面上，也就是说其他任何特征都相同，两个图所示的原子结构中只有部分原子存在细微的位置偏差。

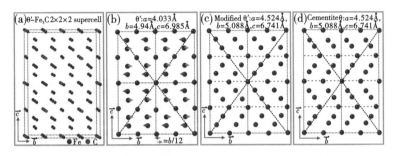

图 6-7　从一个方向理解 θ′-Fe₃C → θ-Fe₃C 的转变

（a）θ′-Fe₃C 一个 2×2×2 超单胞三维原子结构示意图。ω 点阵排列原子是由铁原子排列而成，碳原子只在个别平面上分布。（b）是（a）严格沿［100］方向投影。相应原子通过各自箭头所示方向发生 b/12 大小的平移后即成（c）图，即 ω → α 转变。在（c）中同时调整了点阵常数至 θ-Fe₃C 的点阵常数。（d）图为典型 θ-Fe₃C 沿其单胞的 a 轴方向投影的原子结构示意图[113]

同时考虑铁原子和碳原子的移动，就需要借助于计算的方法来理解 θ′-Fe₃C → θ-Fe₃C 的转变过程，来说明这种转变为何不能到图 6-7（c）而只能到图 6-7（d）的结果。由于有碳原子在间隙位置，所以铁原子的移动不好按常规思考，也不好画出路径，再加上磁性的作用，到此需要计算配合。通过第一原理计算中的结构弛豫，可以得到 θ′-Fe₃C → θ-Fe₃C 转变，转变后可以利用计算的 X 射线衍射谱来验证，结果发现这样的转变是很合理的[113]。

这些亚稳碳化物［ω′-Fe(C) 和 θ′-Fe(C)］是用来说明渗碳体的形成过程，正如前面章节中有关孪晶马氏体组织的原位回火观察所表明的，真正的 ω-Fe₃C → θ-Fe₃C 转变过程是瞬间完成的。这里通过对淬火态珠光体组织的大量实验观察找寻 ω-Fe₃C → ω′-Fe(C) → θ′-Fe(C) → θ-Fe₃C 过程中的 ω′ 和 θ′ 亚稳碳化物存在的证据，目的是用来说明上述反应过程的合理性。

第五节　θ-Fe₃C 渗碳体颗粒特性

这里专门探讨渗碳体颗粒特征,而非晶粒特征,一般来说,颗粒是指若干相同晶粒的团聚。在碳钢中,渗碳体的颗粒特征普遍存在,所以有必要在此单独探讨。本章前面的结果已经说明碳化物的形成和粗化或长大并非遵循通常的形核长大机制,而是碳化物晶粒相遇后的再结晶过程,所以一个碳化物颗粒并不等同于一个碳化物晶粒,如图6-8所示。

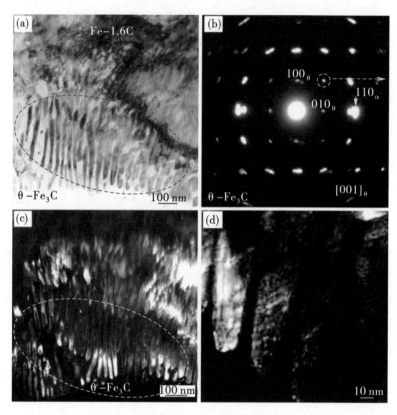

图6-8　渗碳体颗粒中包含若干细小的晶粒

(a)淬火态珠光体组织的电镜明场形貌像;(b) 相应的选区电子衍射谱;
(c)对应渗碳体的暗场形貌像;(d)暗场像的局部放大图[113]

如果不仔细观看暗场像,则一般认为这些渗碳体晶粒大小就是电镜明场形貌像所示的大小。但从暗场形貌像上很明显地看出一个颗粒内部到处都是很细小的小晶粒。所以那些在明场形貌像下看上去是上百个纳米大小的渗碳体颗粒实际上是由若干个细小的具有几乎相同取向的渗碳体晶粒组成,晶粒之间是亚晶界面。由于细小晶粒的方向一致,所以电子衍射呈现出来的是一个近似单晶体的衍射图谱,这是淬火态样品中所观察到的渗碳体颗粒特征,回火则会使这些细小晶粒发生再结晶而形成大晶粒的渗碳体。

图 6-9 是为了进一步说明细小晶粒之间的晶体学取向关系所画的示意图,细小晶粒 A,B,C 之间旋转一个微小角度,这种角度往往小于 1°,其他方向保持一致,这样自然导致细小晶粒之间存在亚晶界面(如红色虚线所示)。

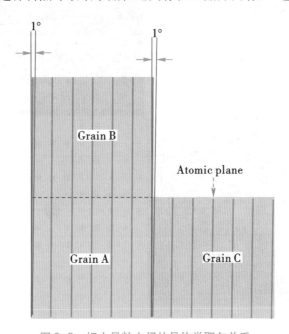

图 6-9　细小晶粒之间的晶体学取向关系

这种特征在研究碳钢组织与性能关系时非常重要,在相同的样品中有些渗碳体颗粒呈现片状形貌特征。仔细分析后发现这些片状的渗碳体实际上也是由若干细小晶粒组成的,见图 6-10。

对这些团聚在一起的细小渗碳体的选区电子衍射分析发现,这些细小渗碳体的晶体结构与已知的结构存在微小的差异,如图 6-10(c)和(d)所示。

图 6-10(c)是实验的电子衍射谱,而采用已知的渗碳体的结构常数计算所得的电子衍射谱在虚线所圈部分明显不同,这里的差别是电子衍射斑

点强度的不同,说明晶体结构中的碳原子分布存在差异。由于渗碳体是化合物,其中的碳原子只充当间隙原子,碳原子含量或位置的不同是非常可能存在的。这些结果至少说明渗碳体晶粒大小不同时可能存在晶体结构的差异。

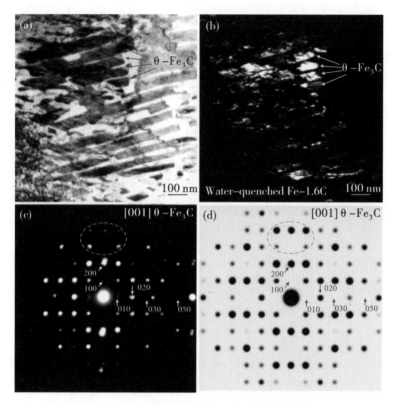

图 6-10   渗碳体颗粒中包含若干细小的晶粒

(a)淬火态珠光体组织的电镜明场形貌像;(b) 相应的暗场形貌像;(c) 对应的选区电子衍射谱;(d)采用已知渗碳体结构计算的电子衍射谱[112]

已知的渗碳体晶体结构的参数确定往往是基于比较大的晶粒而来的,对于这些非常细小的 2 nm 大小的晶粒,其晶体结构未必与大晶粒相同。这说明渗碳体晶粒本身也存在演变过程,或晶体结构由不完整至完整的调节过程。这种渗碳体大颗粒是由若干细小晶粒组成的微观结构特征,其对后面理解珠光体组织的形成以及珠光体大变形机制很有帮助,由于大颗粒中包含了很多细小晶粒以及这些晶粒之间的亚晶界,所以在变形时容易分开而非断裂。

第六节 亚稳碳化物的特性

对于这些碳化物可以总结如下:① ω-Fe₃C 只存在于孪晶马氏体的孪晶界面处;②ω'-Fe₃C 和 θ'-Fe₃C 两种碳化物颗粒可以同时存在于图 6-3(b)所示的珠光体组织中;③渗碳体颗粒的分布是多种多样化,可以在珠光体组织的渗碳体片层中,也可以分布于铁素体的晶粒内部或晶界处,因为它是相对稳定的碳化物,可以经历不同温度和时间的回火作用,从而会跟随整体组织中基体相的变迁而运动以重新分布。对比各自的衍射谱的特征可以看出(图6-11),实验上从 θ-Fe₃C 碳化物开始,其电子衍射斑点与 α-Fe 的(200)衍射斑点出现明显的分离,而不像 ω-Fe₃C 和 ω'-Fe₃C 以及 θ'-Fe₃C 那样与α-Fe 完全重合。这说明在 θ-Fe₃C 的形成过程中铁原子已发生移动从而出现点阵常数的细微差别。但无论如何不能将图 6-11 中 ω-Fe₃C,ω'-Fe₃C 和θ'-Fe₃C 三种碳化物标定为 θ-Fe₃C,这四者之间存在看得见的差别,不能混为一谈。

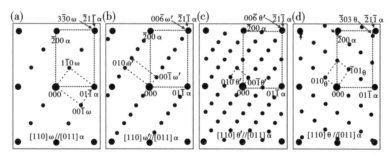

图6-11 沿相同 α-Fe 的方向,各种不同碳化物的电子衍射谱的比较

(a)ω-Fe₃C;(b)ω'-Fe₃C;(c)θ'-Fe₃C;(d)θ-Fe₃C。可以看出 ω-Fe₃C,ω'-Fe₃C 和 θ'-Fe₃C 的某些衍射斑点是与 α-Fe 的全部衍射斑点完全重合,但到 θ-Fe₃C 时,α-Fe 的(200)衍射斑点明显与 θ-Fe₃C 的衍射斑点分开了[111]

已确认淬火态碳钢马氏体的孪晶组织中存在两相:由 α-Fe 构成马氏体组织的基本晶体结构和孪晶界面上的 ω-Fe₃C,孪晶关系与 ω-Fe₃C 相互依存,当 ω-Fe₃C 向其他任何碳化物转变,则意味着退孪晶过程的发生;当退孪晶过程开始,则意味着 ω-Fe₃C 向其他碳化物转变的开始。退孪晶过程使ω-Fe₃C 小颗粒之间有相遇而粗化的机会,这个机会就意味着向其他碳化物如 ω'-Fe(C)和 θ'-Fe(C)转变的可能,这种转变只是纯粹的尺寸效应。不

稳定的 ω-Fe_3C 以及孪晶组织中非常细小的 α-Fe 晶粒而导致的大量亚晶界存在,在温度的作用下发生退孪晶行为,这种过程实际上是通过细小 α-Fe 晶粒的粗化或再结晶过程完成,同时碳化物粗大化。

这里只给出一个各种碳化物之间的结构转变思路或路径,在这个 ω-Fe_3C → θ-Fe_3C 转变的中间过程中,还可能出现其他的亚稳碳化物,但最终的转变产物必定是 θ-Fe_3C 渗碳体(仅限 Fe-C 二元系),这是因为在更高温度回火后,只能观察到 θ-Fe_3C 碳化物颗粒。以往认为的在 220 ℃ 温度附近的 θ-Fe_3C 具有一个居里转变温度(居里温度应该是一个温度范围,而不应该是一个具体温度值。有些文献中可以将该居里温度设在 187 ℃ [109]。造成这种数据差别的原因是各种实验测量的设定以及温度值的选定不同,但无论如何,渗碳体存在一个在 200 ℃ 左右的结构转变),有关磁性转变需要重新考虑。最近的中子衍射研究发现渗碳体在这个转变温度附近,其点阵常数发生了明显的转折,需要特别关注的是与这里对应的 $b_{\theta'} = 2 \times 2.47$ Å = 4.94 Å,中子衍射的结果表明该点阵常数随温度的下降而下降,在居里温度有一个最小值,低于居里温度会随温度下降而增大[114]。因此在居里温度附近存在渗碳体的结构相变是可能的。

上述对 θ-Fe_3C 的形成机制的理解同时可以给出通常珠光体组织形成的一个全新机制。珠光体组织一直被认为是共析反应而成,但从没有人给出原子层次上的解释。珠光体的形成完全可以通过孪晶马氏体组织退孪晶后而成[71],在退孪晶过程中孪晶界面上的 ω-Fe_3C 同时转变成其他可能的碳化物,如 ω'-Fe(C),θ'-Fe(C)或 θ-Fe_3C,从而形成一层碳化物一层铁素体这样的典型珠光体层状结构。这里虽给出了 ω-Fe_3C → ω'-Fe(C) → θ'-Fe(C) → θ-Fe_3C 一种可能性,但由 ω-Fe_3C 为基本单元所形成的亚稳碳化物远不止上述三种[ω'-Fe(C),θ'-Fe(C),θ-Fe_3C]。这些亚稳碳化物之间的相互转变比较复杂,如果考虑到第三元素,则碳化物的结构会更加复杂,引起这种复杂性的原因是因为碳原子在碳化物中的含量和位置的不确定性,不同含量和位置使得碳化物的晶体结构有新的选择,但这些中间过程并不会影响我们对碳化物的形成和粗化的认识。

对于二元 Fe-C 合金体系来说,那些复杂的亚稳碳化物在碳钢经过中高温回火后最终都转变成渗碳体。在 Fe-C 二元合金组织的演变过程中,铁素体(α-Fe)自始至终一直是铁素体,只是在回火过程中,其形态发生各种各样的变化而已。所以在电子显微镜的观察中,电子衍射谱中除了 γ-Fe 和 α-

Fe 的衍射斑点外,其他任何衍射斑点都是来自于碳化物,这些结果自然也适用于其他任何衍射技术的测量中。

对不同碳含量的 Fe-C 二元体系的电镜观察表明,无论是淬火态还是回火态样品,一直未观察到六角密堆结构(Hexagonal Close-Packed ,HCP)的 ε-Fe₂C 型碳化物。ε-Fe₂C 型碳化物的形成非常可能受到其他合金元素的影响,合金元素可能会影响 ω-Fe₃C 向 ε-Fe₂C 转变,这两相同为六角结构,这种转变应该是可行的。通过调控间隙原子的位置和含量,亚稳六角结构的 ω-Fe₃C 相颗粒可以向正交结构的碳化物转变。考虑到各种合金化元素如 Ni,Mn,V,Nb,Mo 等,这些元素只能作为置换原子而占据铁原子的位置,此时 ω-Fe₃C 相颗粒需要将 Fe 改写成(Fe,M),其中 M 代表各种可能的合金化元素。在 ω-Fe₃C 向其他结构转变时就必须考虑这些合金化元素的位置。对于无间隙原子的铁合金,ω-(Fe,M)可能会转变成其他金属间化合物相。总之,碳钢或其他铁合金中组织的千变万化实际上离不开 ω 的转变。

最后仅以一张图来说明碳钢最终组织的形成过程中所可能牵涉到的相结构变化,如图 6-12 所示。自马氏体相变发生后,最初形成的马氏体组织必定为孪晶结构,而后立即发生自回火(冷却过程)或回火过程(保温过程)。在 Fe-C 二元合金系中,碳原子和孪晶界面结构一起稳定了孪晶界面处的 ω-Fe₃C 相颗粒。在随后的回火或自回火过程中,再结晶导致的退孪晶发生,同时 ω-Fe₃C 向其他碳化物转变,最终的碳化物为 θ-Fe₃C 渗碳体颗粒且位于铁素体的晶界处,也会有一些渗碳体颗粒被包含在粗化后的 α-Fe 晶粒内部,这取决于 α-Fe 再结晶温度。自马氏体相变发生后,α-Fe 细小晶粒只发生粗化或再结晶行为,并无其他任何变化。在其晶粒的粗化过程中,一直会将晶界上的碳化物颗粒推移,最终导致碳化物颗粒的相遇而发生碳化物的粗化或再结晶,形成最终的碳钢组织。这种过程所发生的温度和时间直接影响最终碳钢的组织形态,其中包括 α-Fe 的晶粒度和形状,碳化物颗粒的分布等。

虽然碳钢的外部力学性能基本取决于组织结构,但从这里的分析结果来看,实际上主要取决于碳化物的大小和分布。由此,对各种碳钢的基础研究应更多关注这些碳化物的形成机制和受温度时间的影响,但由于颗粒度极其细小,精确分析确实存在一定技术上的困难。这一节的讨论也只是给出一个全新的思路,说明马氏体相变后的渗碳体完全可以从碳钢的淬火态马氏体孪晶界面上的 ω-Fe₃C 转变而来,ω-Fe₃C 细小晶粒就是渗碳体的核,如何变大或粗化则是通过多核聚合而成,聚合或粗化后的 ω-Fe₃C 颗粒通过结构转变成熟知的渗碳体颗粒。这样的粗化机制似乎也能帮助说明为何实验上很难长出大的渗碳体单晶来。这里一直用粗化来说明渗碳体的颗粒变大，而不是用"长大"一词，这种粗化与前面介绍的 α–Fe 粗化过程一样，都是通过相同晶体结构的细小晶粒的再结晶完成，而这与传统意义上的通过单个原子扩散而长大是有所不同的。

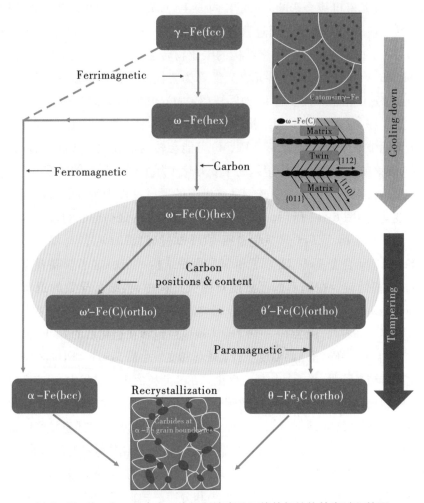

图 6-12　Fe–C 二元合金系中组织演变及可能的相结构转变过程简图

上图的小红点代表奥氏体相中的碳原子，而下图中的小红点则代表渗碳体颗粒。左上角的虚线代表纯铁相变过程。ω–Fe₃C 可以看成马氏体相变后立即形成的最初的碳化物，而后经过中间转变过程形成最终的碳化物，即 θ–Fe₃C 型渗碳体。其中间转变过程可能比较复杂，但并不重要，这是因为最终形成的渗碳体的颗粒同样细小，并不会明显影响力学性能

◀ 本章小结 ▶

关于碳钢中主要组元渗碳体(θ-Fe$_3$C)如何从碳钢中形成,一直以来人们都是沿用传统的形核长大理论来讨论,所谓形核的核是什么在何处,至今也没有在实验上有一个明确的说法。这里给出一个全新的渗碳体形成机制,就是从最细小的 ω-Fe$_3$C 一步一步转变而来。通过尺寸效应而发生晶体结构转变或相变 ω-Fe$_3$C → ω'-Fe$_3$C → θ'-Fe$_3$C,而后则发生原子位置的移动从而完成 θ'-Fe$_3$C→ θ-Fe$_3$C。最后一步是结构弛豫或结构变化。由于这些相与磁性密切相关,所以需要考虑磁性才能做合理讨论,本章只是从晶体学角度进行了一些粗浅的讨论。

早在 1886 年, H. C. Sorby 最先把珠光体组织定义为珍珠状化合物(the pearly compound)[115], 珍珠状这里是指层状, 是珍珠贝壳表面的层状结构特征。珠光体组织主要特征是硬度不同的片层相间分布, 这种硬度差别说明不同层是不同的相或组织, 在当时就已经意识到某一层是富碳层。而第一个认为珠光体是由马氏体组织演变而来的却是 F. Osmond(下一章有介绍)。同时期的 C. Benedicks 也认为屈氏体(troostite, 一种细小的珠光体)是由马氏体转变过来的, 并认可奥氏体→马氏体→珠光体的反应过程[116]。在 1926 年, K. Honda 发表了一篇题目为"Is the direct change from austenite to troostite theoretically possible?"的文章, 其中的答案是奥氏体→马氏体→珠光体(屈氏体)[117]。当然这些早期的文章所得出的研究结论并没有大量实验事实来支撑, 导致后期(20 世纪中叶)的大量研究都认为珠光体组织是直接从奥氏体组织中形成的, 并称珠光体组织是通过珠光体反应而来, 这种珠光体反应就是共析反应[118-120]。

碳钢中典型微观组织——珠光体组织, 其形成过程一直用共析反应(eutectoid reaction)机制来解释。这种共析反应过程其实是沿用液体凝固过程中树枝状晶体(枝晶)的形成原理, 也称共晶反应(eutectic reaction)。而共析反应是固态中发生的相变过程, 这不应该与凝固过程一致[121]。但是各种教科书中对共晶反应和共析反应过程的解释并无差别, 只是前者的基体相是液相, 后者的基体相是晶体或固体, 整个反应过程的解释是雷同的, 都是通过原子扩散而成。

马氏体组织演变需要从最初形成的组织特征开始考虑, 也就是孪晶马氏体组织。淬火态马氏体组织总是带来脆性, 工程上一般无法直接使用, 需经过适当回火消除这种脆性, 从微观组织角度看, 是将淬火态的孪晶马氏体组织加以转变。转变的方法只有回火, 转变的结果往往是提高了韧性, 降低了硬度或强度。这是由于淬火态马氏体组织完全是由非常细小的晶粒构成,回火使细小晶粒发生再结晶而粗化,从而引起硬度的下降和韧性的提高。这一章内容实际上与第五章的部分内容有诸多相似之处,也可以说成是为图5-7提供实验证据,包括在解释退孪晶过程时,两个孪晶界面层(碳化物片层)相互靠拢的原因。由于α-Fe细小晶粒再结晶是个瞬间完成的过程,因此很难原位观察两个孪晶界面层的相互靠拢的动态过程,目前只能在低倍电镜下观察静态组织加以分析。

第一节　淬火态孪晶马氏体转变成珠光体组织

珠光体组织是碳钢中的一种既特殊又很普遍的微观结构,特殊性在于细小渗碳体(θ-Fe_3C)颗粒的排列整齐而成片层状,从而导致铁素体(α-Fe)片层与渗碳体片层相间分布而成的特殊片层状组织,同时这种组织可以在很多(从低碳到铸铁)碳钢中观察到,是碳钢中一个普遍存在的组织。平衡相图中给出的是共析点成分处出现珠光体组织,其实在不同碳含量的碳钢中也可以观察到这种珠光体组织。一般来说,铁素体片层比渗碳体片层厚,且体积百分比或片层宽度分别为88%和12%(C~0.8%),这样的比例取决于碳含量和热处理条件。碳含量增加,铁素体片层宽度变窄,珠光体片层结构细密化,明显增加材料的强度。定量地评价这样的片层厚度比较困难,这是因为珠光体组织不是很稳定的组织,自身存在一个演变的过程。

由于珠光体组织的钢具有强度和韧性的良好结合,应用非常广泛,因此珠光体组织的碳钢很早就受到钢铁界的关注,同样有关它的形成机制也很早就有固定的解释,并且从没有被怀疑过,简要介绍如下:①珠光体组织是直接从奥氏体组织中形成的;②珠光体组织的形成过程又叫珠光体转变或共析反应,并被认为是典型的扩散型相变,即铁素体和渗碳体片层同时在奥氏体组织中形成,碳原子从铁素体生长前沿扩散至两侧的珠光体片层以供珠光体长大用,或者说渗碳体片层的形成长大不断需要碳原子从铁素体生长前沿扩散过来,渗碳体片层两侧由于缺碳而形成铁素体。这两个说法无甚差别,就是说渗碳体片层是通过形核和碳原子的自由扩散而长大的。这些说法其实非常经不起推敲,珠光体组织或珠光体钢是缓冷而成,同样成分的碳钢经快速冷却得到的却是孪晶马氏体组织,这已经说明奥氏体组织发生转变是先形成马氏体而后才形成珠光体组织。从奥氏体到铁素体,无论如何冷却,奥氏体组织都必须经历一个马氏体相变过程,而在讨论珠光体形成的机制时,马氏体相变过程被忽略了,从而认为珠光体组织直接从奥氏体组织中反应生成。简而言之,珠光体组织的共析反应机制从没有得到任何理论和实验证据的支持,但却一直沿用至今,并且存在于任何碳钢相关的教科书或教学参考书中。

在低碳钢中,由于碳含量较少,则对应的碳化物颗粒数就少,分布在板条状铁素体界面上的碳化物颗粒就不足以连成一排或一片而形成珠光体片层组织特征。但随着碳含量的增加,在中碳钢中,室温下就可以普遍观察到珠光体组织。如果想在大块材料中获得完全的珠光体组织,碳含量一般应在中高碳钢范围。淬火的超高碳样品中则易存在残留奥氏体,还易出现大量碳化物偏析在原奥氏体晶界上。对于珠光体组织形成的根本机制在第五章中已经讨论过,珠光体组织实际上就是孪晶马氏体经过回火或退孪晶后的组织,渗碳体片层实际上是由孪晶界面处的 ω-Fe$_3$C $\rightarrow$ θ-Fe$_3$C 而成,且是细小晶粒之间的转变,本章有关珠光体组织亚结构的实验观察也证明了这一点。如果非要用"共析"一词,马氏体相变才是真正的共析反应。而珠光体组织只是马氏体组织形成后发生退孪晶过程中的一种过渡组织,也是亚稳组织,本身也是在不断演变过程中,这种演变主要是晶粒度的变化,没有晶体结构的变化。简单而言,就是再结晶过程。碳钢中最后的稳定组织就是 α-Fe 的晶粒以及分布于晶界上的渗碳体颗粒。

无论碳含量的高低,最初形成的马氏体组织都是 α-Fe 的孪晶关系加孪晶关系界面处的 ω-Fe$_3$C 相,两相均为细小晶粒,这是最初形成的马氏体组织的基本特征。将边长为 1 cm 的立方块状的超高碳钢淬火态马氏体组织样品直接放入退火炉中加热,加热温度为 200 ~ 250 ℃之间,加热时间在 20 min 左右。再将该低温回火后的样品做成扫描电镜样品并观察其内部组织后发现,在原来的针状或片状马氏体组织的基础上形成了细小的珠光体组织,如图 7-1 所示。在该图中大块黑色区域为奥氏体相区域,而有密密麻麻的白色小点存在的区域则对应于回火前的马氏体组织区域,这可从形貌上辨别。电镜观察结果证明白色小点为渗碳体颗粒,而小颗粒之间为铁素体相[71]。

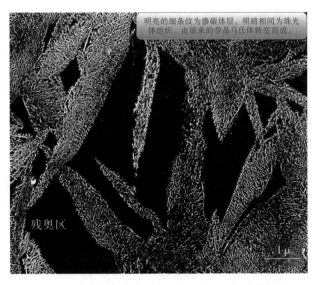

明亮的细条纹为渗碳体层。明暗相间为珠光体组织，由原来的孪晶马氏体转变而成。

残奥区

图 7-1　淬火态块状样品经低温短时间回火后的扫描电镜像显示了孪晶马氏体组织转变成珠光体组织

这些颗粒能否体现出珠光体的片层状特征，则与观察方向密切相关，回火温度以及回火时间的影响也很大，说明淬火态的孪晶马氏体组织经低温回火后转变成 α-Fe 加渗碳体，同时也说明珠光体组织并不是直接从奥氏体组织形成的。一个简单的实验可以辅助证明以上的说法，对于共析成分附近的合金来说，直接采取淬火方式，毫无疑问，淬火后的组织基本为孪晶马氏体，这说明马氏体相变后最初的组织仍然是孪晶结构，而后才能演变成珠光体组织。孪晶结构本身就是层状结构，故出现层状结构的珠光体组织应该很容易理解。基本为珠光体组织的样品不可能通过快速冷却至室温下直接获得，而需要经过冷却过程中一定程度的自回火才能得到，这种过程与碳含量密切相关，难以定量说明。

第二节　珠光体组织本身的演变

至今没有明确的实验证据可以证明珠光体组织是直接从奥氏体组织中形成，珠光体组织实际上是马氏体组织在回火（包括自回火）过程中发生演变的一段画面，继续回火，珠光体组织本身会演变，珠光体组织不是一个稳定组织而是亚稳组织。这里的不稳定不是指晶体学上的相结构，而是指金相学上的组织结构特征。组成这个组织的两个晶体学相是稳定相,但两个相组合在一起的相互关系是不稳定的,即珠光体组织或两个相的晶粒大小和分布,随温度和时间而发生变化,从而会导致珠光体组织特征的消失。

图7-2 显示珠光体组织在自身演变过程中的某一片段。在低倍电镜下看,图7-2(a)显示出典型珠光体组织特征以及原奥氏体晶界处的碳化物偏聚。但在高倍电镜下看,很明显每个低倍电镜下显示一层的渗碳体片层实际上是由两层甚至更多层组成的。而且奇妙的是两层构成一个封闭环[图7-2(b)和(c)]。为了加强这种说明,图7-3 给出另外一个证据。很明显,低倍电镜下的每一个片层实际上是由高倍电镜下的两个平行的片层组成的,而且形成封闭式的环型线条特征,单从亮点来看每个亮点对应于一个渗碳体颗粒,这些亮点颗粒在慢慢团聚,最终的结果就是团聚成一个大颗粒,同时发生再结晶导致渗碳体晶粒的粗化或长大,这也是渗碳体晶粒长大的根本机制。

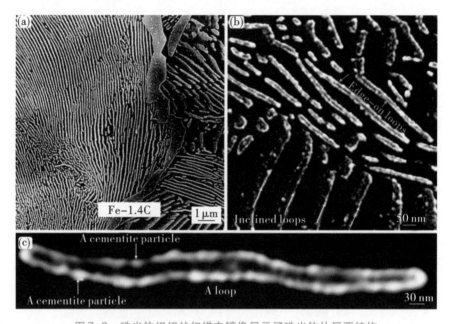

图7-2　珠光体组织的扫描电镜像显示了珠光体片层亚结构

(a)典型珠光体片层状结构;(b)放大后,每一片层是一个环型结构;(c)一个环型的珠光体片层。每个小亮点对应于一个渗碳体颗粒[71]

上述行为不仅发生在高碳样品中,对于中碳样品同样观察到类似的演变。图7-4为Fe-0.5C试样的透射电镜观察结果,观察用的样品是经奥氏体化温度处理1小时随后空冷而成的,并且在室外放置一年以上时间。图7-4(a)为电镜明场形貌像,代表该样品中典型的珠光体组织。黑色片状层为渗碳体层,渗碳体层之间为铁素体组织。

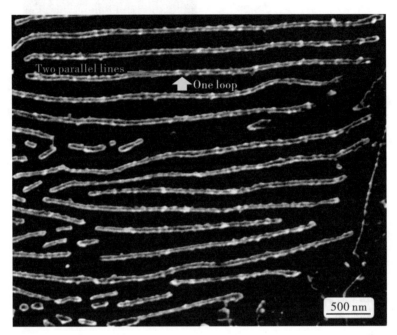

图7-3 珠光体组织的扫描电镜像显示了珠光体片层亚结构。每一片层是一个环型结构[71]

选区电子衍射[图7-4(b)]可以标定为两相α-Fe和θ-Fe₃C的混合衍射谱。选用θ-Fe₃C的衍射斑点所获得的暗场形貌像[图7-4(c)]也证明了图7-4(a)中的黑色层为渗碳体片层。但是将该渗碳体片层局部放大后发现[见图7-4(d)],渗碳体片层实际上是由无数细小的渗碳体颗粒组成的。这些颗粒大小只有几纳米,排列紧密且晶体学的方向一致。这些特征导致渗碳体片层的电子衍射单晶化,及低倍电镜观察下形貌的一体化。

比较图7-4(c)和7-4(d)可以发现一个有趣的现象,即低倍电镜图像中[图7-4(c)],渗碳体片层显示一个整体,但在高倍电镜图像中[图7-4(d)],渗碳体片层一分为二。原来看上去是一层的渗碳体片层,实际上是由两个很薄又很接近的平行片层组成的,这两个很薄的片层间还夹着一层很薄的铁素体片层,这同时也说明渗碳体片层变厚的一种机制,即渗碳体片层在相互靠拢,这与第五章中描述的碳化物粗化过程一致(图5-7,5-10)。

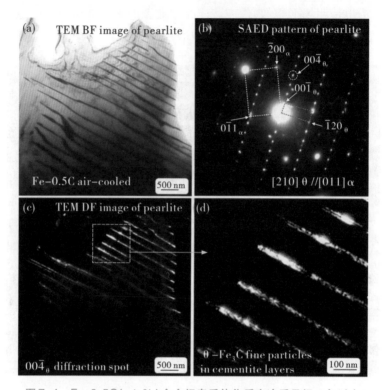

图7-4　Fe-0.5C(wt.%)合金经奥氏体化后空冷后且经一年以上
室外放置后的样品中的微观组织电镜观察

(a)珠光体组织的明场形貌像;(b) 相应的选区电子衍射;(c) 由渗碳
体衍射斑点所成的暗场形貌像;(d) 暗场形貌像的局部放大图[71]

　　继续回火,这两层就会相互收缩而导致小颗粒碳化物相遇发生粗化。在完全靠拢前,每个渗碳体片层厚度似乎只有一个渗碳体颗粒的大小,约为数纳米,这种两层渗碳体组成一个渗碳体片层在图7-4(c)的局部区域中也可以明显地看出来,而图7-4(c)中虚线所框的区域则需要放大才能看清楚。这可能与渗碳体片层宽度以及该区域铁素体的晶体学取向相关。如图7-4(b)所示,该区域中的铁素体的[011]取向并不是严格平行于观察方向,意味着珠光体片层与铁素体片层之间的界面不是严格平行于观察方向,略存倾斜。

　　在相同电镜试样中,也可以观察到渗碳体片层较厚的珠光体组织,如图

7-5 所示。图 7-5 中明亮的部分是渗透体片层,每一个渗碳体片层又是由多个渗碳体薄片组成的。同样每个薄片是由很多细小的渗碳体颗粒链接而成。比较图 7-4(d)与图 7-5 可以发现每个薄片中的渗碳体晶粒度没有发生明显的变化。实验观察结果表明珠光体中渗碳体片层的粗化,体现在那些薄片数在增加在聚集而已,而渗碳体小晶粒的大小几乎没有变化。从这两个图中的暗场形貌像还可以看出一个明显的特点,图 7-4(d)中每个渗碳体片层是由两层渗碳体组成的,而图 7-5 则显示的是多层,这种差别的原因是钢材堆积经过夏季高温引起的回火现象,使得基体相 α-Fe 在不断发生粗化或再结晶行为,从而推动这些渗碳体片层相互靠拢,但也可能是淬火冷却的自回火过程中就已经存在的。同样的样品中存在厚度不等的渗碳体片层本身就说明渗碳体组织在演变中。

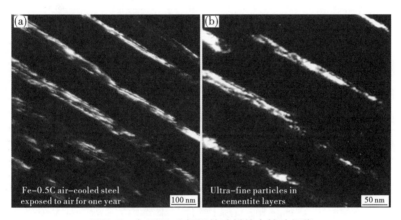

图 7-5　与图 7-4 相同的试样的电镜暗场像

(a)渗碳体片层中的多层薄片特征;(b)图 (a)中局部放大图,每个薄片中显示

出细小颗粒特征[71]

长时间室外放置的回火过程导致铁素体片层中铁素体晶粒的继续粗化或再结晶,也就是 α-Fe 再结晶过程中亚晶界的推移或运动使渗碳体薄片聚集,原本细小的渗碳体晶粒度本身没有发生变化说明碳原子没有发生单独行动,这种聚集行为类似于退孪晶过程[66],继续聚集也就是 α-Fe 继续再结晶的结果会导致珠光体组织中渗碳体片层的逐渐断开,如图 7-6 所示。从相应的暗场形貌像可以看出,细小晶粒状态仍然保持,但大颗粒碳化物形态在慢慢形成。在图 7-6(a)中,这些碳化物看上去是一个大晶粒或颗粒,但在对应的暗场形貌像[图 7-6(b)]中,每个大块碳化物颗粒均由非常细小的

晶粒组成,这种组织演变过程每时每刻都在发生,温度低的话,这种变化只是不明显而已。

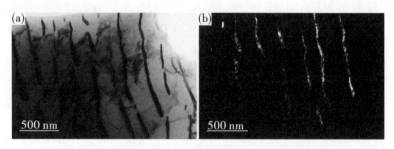

图7-6 中碳 Fe-0.5C 合金珠光体组织的电镜观察结果

(a)明场形貌像;(b)相应的暗场像显示出极其细小的渗碳体颗粒

第三节 高碳珠光体组织的亚结构

随碳含量的增加,珠光体组织中的渗碳体颗粒数量也自然增加,如此则渗碳体片层数增多,或渗碳体片层厚度增大或两者兼有,必然导致铁素体片层厚度变小,从而使整体珠光体组织细化,材料的强度增大或硬度升高,这种特征自然与碳钢所经历的热处理条件密切相关。图 7-7 是高碳(Fe-1C)合金线材中珠光体组织的亚结构电镜观察结果。这样的线材可以冷拔成非常细小的钢丝,注意现在的组织是冷拔前的组织,也就是大变形之前的组织结构。与中碳相比,渗碳体颗粒在高碳合金中要稍大一些,但大小仍然在几个纳米量级,而且孤立的碳化物颗粒状态比较明显[图 7-7 (c)],说明珠光体组织中渗碳体片层不是一个单晶体或块头较大的多晶体,而是由非常细小的碳化物颗粒或晶粒组成的。尽管珠光体组织中渗碳体片层在明场观察的模式下显示出连续的片层结构特征,这是由于那些细小的渗碳体小颗粒具有几乎相同的晶粒取向或晶体学方向,对于细小颗粒一般需要采用暗场模式观察才可以显示出细小碳化物颗粒的精细特征。

利用透射电镜观察样品中细小晶粒或颗粒的形貌特征时,暗场模式比明场模式具有更高的分辨能力,更易看清楚亚晶界特征及晶粒沿观察方向的重叠等。由于一张暗场形貌像只能来自一个衍射斑点或几个衍射斑点而不可能来自全部衍射斑点,因此在一张暗场形貌像中只能给出部分信息,如某种颗粒的大小和分布,也就只能给出部分颗粒的大小和分布而非全部颗粒。

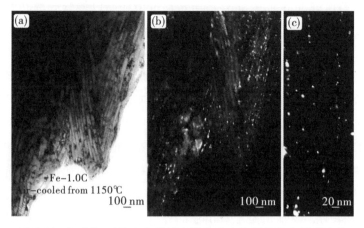

图 7-7　高碳 Fe-1C 合金线材冷拔前珠光体组织的电镜观察结
果(钢丝直径约为 6 mm)

(a)明场形貌像;(b)相应的暗场像显示渗碳体颗粒的分布;(c)对应
(b)右上角的部分放大图

　　虽然说一个区域中(选区电子衍射所选区域)所有的渗碳体颗粒具有几
乎相同的晶体学取向,且都参与衍射(也就是对某一个衍射斑点都有贡献),
那么选择该衍射斑点所成的暗场形貌像就应显示出所有的颗粒,只看到部
分颗粒而非全部的原因在于各颗粒对该衍射斑点的强度贡献不等,这个不
等部分是由于颗粒之间晶体学取向的微小差异引起的。有的颗粒对该衍射
斑点强度的贡献大,有些颗粒的晶体学取向稍有偏差则对该衍射斑点的强
度贡献就小。那么贡献小的这些颗粒在对应的暗场形貌像中不易显示出
来。颗粒的大小也对衍射斑点的强度贡献有差别,在衍射衬度条件下,弱的
不易被记录下来。如果在拍摄暗场形貌像时,可以选用不同的衍射斑点成
像,这样在不同位置的小颗粒就会出现在不同的暗场形貌像中,这些也可从
应用软件中调整一张图片的明暗对比中理解,有些信息会在调节的过程中
消失。

第四节　"低碳珠光体"组织的亚结构

　　在"低碳珠光体"上加引号是因为这种说法会引起争议,但实验观察的

事实可以支持这样的称呼。图 7-8 是 Fe-0.05C 淬火态试样的电镜观察结果。在进行电镜观察时，一定要适当转动电镜样品以便看清楚晶界或亚晶界面处的细小碳化物颗粒[图 7-8（a）]。低碳导致的少量碳化物颗粒无法连接成"片状"形态（这里有必要再次解释一下这个"片状"，由于样品有一定厚度，那么在不同厚度下存在的颗粒都会被投影到一个平面上，将所有沿厚度方向存在的颗粒都投影到一个平面上，看上去是连在一起的层状或片状组织），从而无法形成与典型珠光体组织一样的层状结构，但这些组织的形成原理是一致的，这些碳化物颗粒一定分布于铁素体的晶界或亚晶界面上[图 7-8（b）]。这些亚晶界往往是 α-Fe 的{112}面，是由转变前的孪晶面决定的，所有碳钢的孪晶马氏体中的孪晶关系都是 BCC 的{112}<111>型，适当倾转样品就能清楚地看出亚晶界。由于渗碳体细小颗粒的取向近似，因此在低倍电镜图像中，看上去是一个大的渗碳体颗粒，但实际上是由几个小颗粒聚合而成[图 7-8（c）]。

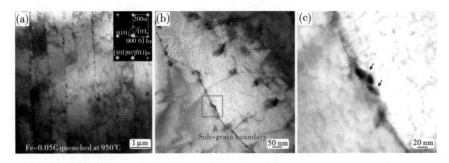

图 7-8　Fe-0.05C 经 950 ℃热处理半小时后淬火态样品组织的电镜观察

（a）渗碳体碳化物颗粒弥散分布于片状或板条状铁素体晶界处的明场形貌像；（b）渗碳体颗粒弥散分布于铁素体亚晶界处的明场形貌像；（c）渗碳体大颗粒是由几个小颗粒聚合而成的形貌像

通常称图 7-8(a)中所显示的组织为板条马氏体，继续回火这些板条会发生再结晶形成粗大的多晶形貌，并且将渗碳体颗粒包含进去，看起来那些渗碳体小颗粒类似于第二相析出物。低碳合金基本是由这种组织组成的，在此基础上慢慢提高碳含量的过程，实际就意味着逐渐增加板条界面上的碳化物颗粒数。当这些颗粒数达到一定程度，在低倍观察下看似连成一片，那么这种板条就会成为正常的珠光体组织。称这种板条为"低碳珠光体"组织只是用来说明珠光体组织的形成机制。

第五节　大颗粒碳化物的亚结构

　　这种看似大块的碳化物晶粒但实际是由无数细小晶粒聚合而成的现象,不仅存在于珠光体组织中,在其他各种碳含量的二元(Fe-C)合金中,所观察到的孤立的渗碳体大颗粒中也是如此,也就是说大块头碳化物晶粒是由细小颗粒聚合而后再结晶形成的,这一特征在前一章中一直强调,是因为这种组织特征非常重要,这对应于渗碳体的粗化机制。将淬火态孪晶马氏体在电镜中原位回火至500 ℃,观察到所形成的大块渗碳体颗粒实际上也是由细小渗碳体颗粒聚合而成(图7-9)。

　　在低倍的明场电镜形貌像中可以明显看到几百纳米大小的呈棒状渗碳体大颗粒,这些颗粒及基体相的混合衍射谱示于图7-9(b)中,衍射谱可以标定为α-Fe和θ-Fe$_3$C相的混合衍射。尽管几个大块渗碳体颗粒一起参与衍射,但来自那些渗碳体颗粒的衍射谱仍然显示出单晶衍射谱的特征,这说明它们与基体相之间具有严格的晶体学取向关系。利用渗碳体的衍射斑点进行暗场分析,其相应的暗场电镜图像示于图7-9(c)中,将该暗场像局部放大[见图7-9(d)],可以明显看出原来大块形状的渗碳体实际是由很多细小的颗粒聚合而成的,当然这些细小颗粒也是渗碳体,也就是一个大块头的渗碳体颗粒中存在复杂的亚结构,而非一个理想的单晶体。由于原位回火形成的大块碳化物颗粒是刚刚形成的,这样的观察结果可以避免长时间回火所引起的细小碳化物的粗化或再结晶,因此对这种刚刚形成的大块碳化物的观察分析是比较合理的。

　　从图7-9(d)中还可以看出,这种大颗粒内部的细小碳化物晶粒的大小不等,稍大一些的晶粒可能是由几个细小晶粒完全再结晶而成,其他细小晶粒还未来得及完成再结晶。这与晶粒完成聚合在一起的时间顺序的先后及晶粒之间的晶体学取向密切相关。当晶粒相遇,如果晶粒间的各晶体学方向一致且相遇处为共格界面,则粗化或再结晶就变得非常容易。但这样的机会不多,大多数晶粒之间的界面是处于小角度晶界或亚晶界的状态而不能瞬间合并成一个单晶体晶粒。

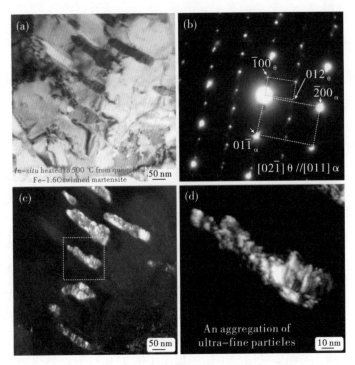

图 7-9　大块渗碳体颗粒中精细结构的示意图

(a)碳化物大颗粒的明场形貌像;(b) 相应的选区电子衍射;(c) 由
渗碳体衍射斑点所成的暗场形貌像;(d) 暗场形貌像的局部放大图

　　如果升高样品的温度或延长回火时间,则这些细小晶粒特征会慢慢消失,渗碳体晶粒之间的再结晶慢慢完成,最终形成一个完整的近似单晶的大晶粒,如图 7-10 所示。中低温回火,这种过程则需要漫长的时间。因此在大多数实用碳钢中,大颗粒特征的渗碳体颗粒内部总是存在若干细小(~2 nm)的渗碳体晶粒。二次渗碳体,也就是那些直接从奥氏体中析出的渗碳体颗粒往往具有单晶特性,这样的大颗粒碳化物一般对冷变形不利,易产生裂纹。从奥氏体中形成的渗碳体颗粒往往具有图 7-10 所示的结构特征,一个渗碳体颗粒基本是一个单晶体,它的室温变形只有通过大颗粒的断裂来实现,而不是碳原子的自由扩散。

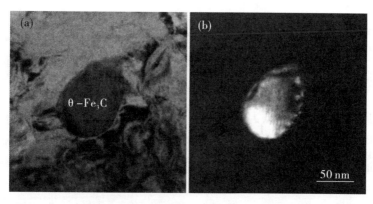

图 7-10　经足够高温度和足够长时间热处理后的碳化物大颗粒的
明场（a）和相应的暗场（b）形貌像

在暗场像中，那种细小颗粒的衬度已明显减少，大面积区域显示均匀连续
的白色衬度。说明这个大颗粒中没有太多小颗粒，单晶性比较强，只在颗粒边
缘区有个别小颗粒特征

第六节　珠光体组织大变形机制

珠光体组织一般意义上是指由 α-Fe 或铁素体片层与 θ-Fe$_3$C 片层交互
混合而成的组织，当每个片层中各相的晶粒比较完整，则其对应的是比较成
熟的珠光体组织，此时渗碳体片层中的渗碳体晶粒不易分裂，或变形时易出
现裂纹，实际上很多珠光体组织的钢铁材料具有非常大的变形能力，说明这
样的珠光体组织还未成熟，仍处于可以明显演变的过程中。基于电镜暗场
观察的结果，可以将珠光体精细组织结构特征示于图 7-11 中。

图中每个小颗粒对应于一个渗碳体的小晶粒，这些小晶粒的大小约为
几个纳米，可以细小至 1~2 nm。当观察方向与珠光体组织中的片层平面一
致时，所观察到的珠光体结构特征如图 7-11（a）所示，为典型的片层结构。
在渗碳体片层中，由于珠光体颗粒沿观察方向的重叠分布而显示出一个渗
碳体片层的特征，再因之所有渗碳体小颗粒的晶体学方向几乎一致（一致性
的原因是固态相变。珠光体组织中各渗碳体片层之间也是晶体学取向一
致），故在电子衍射谱中显示出单晶结构特征，实际上每个渗碳体片层都是
由无数细小的晶体学取向一致的渗碳体颗粒组成。

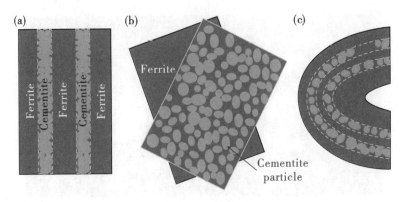

图 7-11 珠光体组织中精细结构的示意图

（a）沿片层平面观察；（b）垂直于片层平面观察；（c）与（a）对应的大变形。最小的渗碳体颗粒大小约为 1~2 nm。如果是扩散控制的长大行为，则渗碳体片层应为一个完整的碳化物单晶，而能够证明这样的实验，事实上不存在

在以往利用金相显微镜对珠光体组织的研究中，同样是渗碳体片层，但无法分辨出片层中的细小颗粒特征。由于在观察方向上细小颗粒的重叠以及所有渗碳体颗粒的晶体学方向接近，总认为该渗碳体片层为一个单晶体或大块头的多晶体。珠光体组织是一个不断演变的组织，主要看所观察的珠光体组织是否足够成熟，如果是足够成熟的珠光体组织，在各个片层中存在大晶粒是正常的。不能用未成熟的珠光体组织去否定成熟的珠光体组织的存在，反之亦然。由于电子显微镜可以实施暗场形貌观察，对片层内部的颗粒分布一目了然，从而可以判定出渗碳体片层实际是由细小渗碳体颗粒组成，而非一个单晶体，同时这些细小颗粒是分布于基体组织中，而非将渗碳体片层两边的铁素体完全隔开，简而言之，珠光体组织中的渗碳体片层并非100%是由碳化物组织的，而是大量细小颗粒分布于铁素体基体中。但是，渗碳体晶粒会随回火温度升高及回火时间延长而粗化或再结晶，也就是渗碳体自身的再结晶过程在不断进行中。

这一特征可以从图 7-11（b）的示意图中一目了然。对图 7-11（a）进行某种弯曲变形，渗碳体片层中的碳化物小颗粒会被拉开而呈弥散分布，从而使渗碳体片层变薄，甚至片层状特征消失，但细小颗粒的碳化物并未消失，只是随机分布而已。如果某个方向的变形使这些细小颗粒更加聚集，则易引起断裂裂纹的产生。由于渗碳体是一种硬性的陶瓷相颗粒，相互挤压则易引起断裂，但拉伸变形使得这些硬性颗粒分布随铁素体的变形更加弥

散,而不易引起裂纹的形成,这也许是中碳或高碳珠光体组织具有大变形能力的根本原因。由于渗碳体颗粒可以细小至 1 ~ 2 nm,此时通过一般测量手段可能很难判断这些碳化物颗粒的存在,从而误认为碳原子会从碳化物中分解并固溶于铁素体中。实际情况则是大一些的碳化物颗粒分离成几个小颗粒,原本大颗粒碳化物本身就是由若干细小的渗碳体颗粒团聚一起而成的。

第七节　淬火态孪晶马氏体组织 向珠光体组织演变的机制

这一转变机制在第五章中已有过简单说明,孪晶马氏体组织的退孪晶机制实际上就是珠光体组织形成机制,两者是相同的过程。至于珠光体组织的形成机制以及在渗碳体片层中细小碳化物的成因可以简单归纳如下。珠光体组织是由孪晶马氏体组织演变而来[64,67],如此珠光体组织中的片层状形貌特征才能得到简单合理的解释。孪晶马氏体组织中的孪晶界面上存在高密度细小的 ω-Fe_3C 相颗粒,颗粒度在 1 ~ 2 nm 左右,碳原子可以固溶于该亚稳相中。

在回火或自回火过程中,这些细小的 ω-Fe_3C 相颗粒会向稳定的渗碳体相转变,但颗粒度变化不大。这些渗碳体颗粒自始至终都存在于铁素体晶粒的晶界及亚晶界(孪晶界面是这些晶界或亚晶界的原始根源,在退孪晶过程中,原来的孪晶界面就变成了后来的晶界或亚晶界面)上,通过铁素体晶粒再结晶过程而聚合(马氏体相变后开始形成的 α-Fe 本身只有 1 ~ 2 nm 大小,在自回火过程中发生 α-Fe 再结晶是必然的过程),或通过铁素体变形过程而分散,这样的铁素体本身也包含很多亚晶界面,易变形。

渗碳体片层厚薄与碳含量及热处理条件密切相关。无论是珠光体组织还是马氏体组织,只要是碳钢,在经过足够高的回火温度以及足够长的回火时间,最终都将稳定在如图 7-12(g)所示的组织构图,即渗碳体颗粒位于铁素体晶界上。这一结果可以参照常见的高温(600 ~ 700 ℃)回火的高温铁素体钢组织[122,123]。

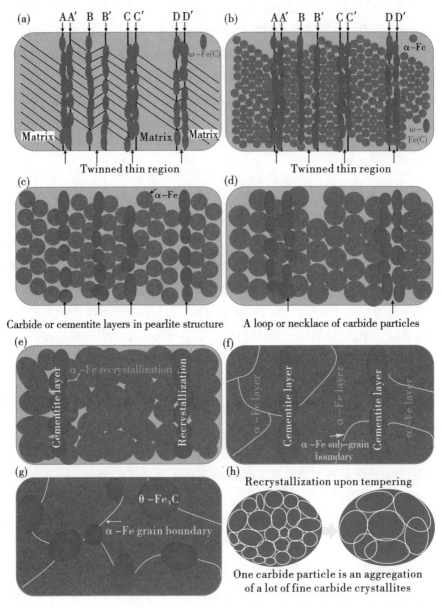

图 7-12　从最初的孪晶马氏体组织演变成珠光体组织以及最后的一般碳钢组织
的示意图。同时说明铁素体(α-Fe)和碳化物的再结晶过程[71]

在共析成分附近的珠光体组织只是相对稳定而已,并不能称为稳定组织,
两个晶体学相(α-Fe 和 θ-Fe$_3$C)是稳定的,但两相的形貌和大小却在变化中。

如图 7-12 所示,两相(α-Fe 和 ω-Fe$_3$C)在最初的孪晶马氏体组织中的晶粒大小是一样的,但 $\omega\text{-Fe}_3\text{C}$ 只分布在孪晶界面区域。作为驱动力的回火温度,细小晶粒的 $\alpha\text{-Fe}$ 发生再结晶,这一再结晶过程实际上推动孪晶界面相互靠拢,而靠拢后使得 $\omega\text{-Fe}_3\text{C}$ 有机会相遇而变大,使 $\omega\text{-Fe}_3\text{C}$ 发生再结晶而后结构转变成 $\theta\text{-Fe}_3\text{C}$ 晶粒形成珠光体组织,该组织中所有碳化物处于基体相的晶界上。此时虽然孪晶关系消失,如果继续回火,作为基体相的 $\alpha\text{-Fe}$ 晶粒会继续再结晶,发生类似于图 7-2、7-3 中的行为,这也是对应于珠光体组织的演变,演变后期就是渗碳体片层变厚,同时铁素体片层也变厚。再继续升高温度回火,两相再结晶就会继续。由于渗碳体的体积百分数没有 $\alpha\text{-Fe}$ 的高,作为第二相,只能分布在基体相的界面上。

在图 7-12 中,图(a)和(b)代表最初形成的马氏体组织的精细结构。$\alpha\text{-Fe}$ 细小晶粒存在孪晶关系,而不是每个细小 $\alpha\text{-Fe}$ 晶粒内部出现孪晶特征,是一个片层(一个片层是指图中两排红色颗粒之间区域)中的全部 $\alpha\text{-Fe}$ 细小晶粒与相邻片层中的那些 $\alpha\text{-Fe}$ 细小晶粒存在一个孪晶关系,这两个片层之间的界面就是孪晶界面区域,该区域内分布同样细小的 $\omega\text{-Fe}_3\text{C}$ 晶粒。每个片层中的细小晶粒之间的晶体学取向基本一致,但存在极其微小的差异。从图(c)到(f),都是对应于珠光体组织,是珠光体组织本身的演变过程。图(c)对应于刚形成的珠光体组织,这时孪晶关系消失,$\omega\text{-Fe}_3\text{C}$ 也已转变成 $\theta\text{-Fe}_3\text{C}$。图(f)中的组织可以认为是珠光体相对成熟的阶段,此时的珠光体应该不易变形。在图(g)中,珠光体组织特征已消失而成一般碳钢组织。这就是整个碳钢在经历马氏体相变后的整个组织演变过程。这样的相变以及晶粒的粗化可以适用于一般固体材料中,而无须借助于液体凝固的相关理论,也与通常的胶体中的 Ostward 成熟机制不同,因为这里牵连到基体相的再结晶过程。

◀ 本章小结 ▶

珠光体组织作为碳钢的常见组织实际上是由孪晶马氏体组织演变而来,珠光体组织自身也在不断演变,最终稳定的组织应该是铁素体加上其晶界上的渗碳体,珠光体组织只是一种渗碳体排列较特殊的组织,这种特殊性来源于孪晶关系特征。从降温或冷却的角度看,各种组织的形成顺序为奥氏体→孪晶马氏体→珠光体(低碳时的板条马氏体)→一般碳钢组织(无定形的铁素体晶粒加上晶界上的渗碳体颗粒)。单独将珠光体组织的形成直接归为奥氏体相中的"共析反应",在实验上缺少证据。各种各样的微观组织的演变过程也可以简单地用图 7–13 来理解。

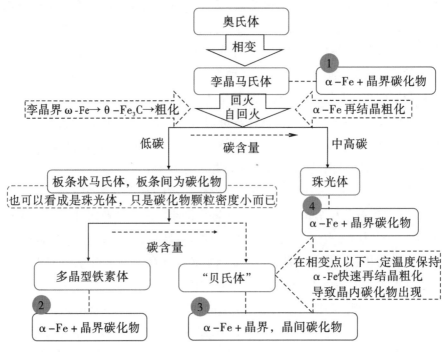

图 7–13　奥氏体冷却过程中的微观组织演变示意图

有关贝氏体的形成过程用了一个虚线连接,这里是想说明贝氏体的形成与其他(板条马氏体和多晶型铁素体的形成)是重合的,在科学上没有分开的必要。对于贝氏体组织中,诸多细小的看似分布于基体相晶粒内部的碳化物的形成可以用图 5–7 来理解。可以看出,奥氏体通过相变,最终产物都是铁素体加碳化物,具有代表性的碳化物是渗碳体,这样的结果与平衡相图吻合。各种各样的亚稳组织可以通过孪晶马氏体加 ω–Fe$_3$C 相去理解。α–Fe 相自始至终是 α–Fe,整个自回火或回火过程中 α–Fe 只发生再结晶,也就是晶粒大小和形貌特征发生变化,并无其他变化。简而言之,奥氏体经过马氏体相变后,其他组织的形成只是两相(α–Fe,ω–Fe$_3$C)再结晶的结果。在此过程中只发生 ω–Fe$_3$C → θ–Fe$_3$C 转变,其他只能是晶粒大小、形状及分布特征的变化。如果是添加有合金元素的钢,则 ω–Fe$_3$C 或 ω–Fe 相会向其他晶体学相的结构转变,同时 α–Fe 与其他合金元素的固溶体(不含碳原子)会析出金属间化合物。渗碳体从铁素体中析出至今没有可信的实验证据。

第八章
结束语

　　本书主要内容是定性地分析和解释碳钢在冷却过程中微观组织的转变方式和形成机制。物理学上的普遍规律表明材料一般具有热胀冷缩的行为,碳钢中奥氏体向马氏体组织转变是在碳钢降温过程中发生,在这一降温过程中却发生由马氏体相变导致的体积膨胀现象。现在借助本书内容可以完美阐述其过程中发生的深层机制,即最初形成的马氏体是由极其细小晶粒构成,其中大量亚晶界面的存在是导致体积膨胀的根本原因。至于为何必须发生这一相变,其中深奥的物理含义还有待进一步研究,或许与磁性密切相关。

　　本书有两大结论与传统观点存在明显不一致:一是关于 BCC 的 $\{112\}$ <111>型孪晶体是否存在的问题,二是碳原子是否固溶于 α-Fe 晶格的问题。最初通过劳厄 X 射线衍射技术观察到碳钢中存在孪晶关系结构特征[78],后来有人画出理想的 BCC$\{112\}$<111>型孪晶结构模型,但这种模型结构是否与实际相符仍不可知,结果就成了经典模型被普遍采用。本书中一直只用孪晶关系来说明这种孪晶,也就是这种孪晶关系确实存在,但至今未观察到这种孪晶体。图 8-1 是为了明确说明孪晶体和孪晶关系的示意图。其中,图 8-1(a)给出一个完整晶粒中出现一个孪晶界面,明确的孪晶界面从而使整体晶粒一分为二。如果利用电镜暗场模式观察具有这种孪晶的整体晶粒,比如利用左半部分所产生的衍射斑点成像,那就应该只能看到整体的一部分(左半部分),见图 8-1(b)。图 8-1(a)所示的孪晶体在本书中所观察到的 α-Fe 晶粒中从未出现过,或者说理想的 BCC$\{112\}$<111>型孪晶界面从没有被观察到,而所观察到的马氏体组织中的 α-Fe 晶粒之间存在孪晶关系,如图 8-1(c)和(d)所示。具有孪晶关系的晶粒之间自然是晶界区域,这个孪晶关系的晶界区域上就存在 ω-Fe$_3$C 相。

　　其次是至今没有任何直接的证据可以证明碳原子固溶于 α-Fe 的 BCC

晶格中。在极低碳钢中,只是因为形成的碳化物颗粒细小,而且体积百分数较小,很难被 X 射线衍射技术测量到[69,124]。碳钢中的碳原子绝对存在于碳化物中,如能追溯碳化物的起源必有助于解决此难题,因此,高碳钢则是一种比较方便的选择,由于碳化物含量足够多,可以有多种手段探测出碳化物形成的一般规律。

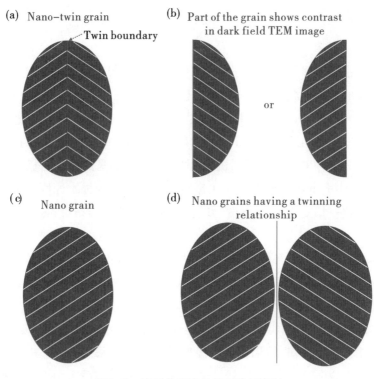

图 8-1   孪晶体和孪晶关系的示意图

从 Fe-C 二元相图可知,任何碳钢组织基本是由三大组元组成:γ-Fe,α-Fe 和碳化物(θ-Fe$_3$C)。当然也可以是其中的一个或两个组元组合而成。在二元 Fe-C 合金中,碳化物基本就是渗碳体,而渗碳体的先驱体是 ω-Fe$_3$C 相。由于 ω 相与碳原子有直接的关联,自然对碳钢的力学性能有至关重要的影响。有关碳钢的研究是一个很古老且很广泛的研究领域[125],为何还存在这样一个 ω 相或 ω-Fe$_3$C 未被注意到,一个直接也很简单的原因就是 ω 相颗粒的细小,利用一般的分析技术很难观察或测定,再加上 ω 相的主要衍射斑点或衍射峰与 α-Fe 中的峰完全重合,很难分辨。另一个可能的原因是

20世纪60年代利用透射电子显微镜对钢中马氏体组织的电子衍射谱的标定,将ω相的电子衍射斑点直接简单地认为是孪晶的二次衍射斑点或渗碳体的衍射斑点,甚至标定为奥氏体的。一直有人认为ω相的衍射斑点是来自于孪晶的二次衍射,那么首先必须提供这种理想孪晶存在的实验证据,遗憾的是至今没有。材料中这种理想的孪晶结构都不存在,谈何二次衍射。

早在1885年之前,法国学者Floris Osmond等人就已预言[126-128],碳钢中存在一个可能的立方结构的硬化相(β-Fe),是铁的同素异构体,存在于高温γ相和低温α相之间。但是,受限于当时的研究手段(只有光学显微镜),纳米级的ω-Fe或ω相绝对不可能被观察到。另外,可能因为没有把β-Fe的假说与碳原子联系起来,或者说对β-Fe的假说不够全面,所以在与所谓的"碳派"争论时处于不利的地位。"碳派"的一个坚实的依据就是碳含量越高,淬火硬化现象越明显。但碳原子如何起到硬化作用也是"碳派"们一筹莫展的事。直到20世纪20年代初,Westgren等人[88]利用X射线衍射发现在高温奥氏体相区外只有一种BCC结构,这种体心立方的点阵常数比室温下的α-Fe稍大一点,与热膨胀引起的体积膨胀相当,而BCC的α-Fe是大家公认的,这样就排除了β-Fe存在的合理性。但近来Massalski从磁性和晶体对称性角度考虑[128],认为β-Fe应该是存在的,且应该将β-Fe相加入进相图中。由于在γ-Fe和α-Fe之间还存在不少理论上和实验上的难题未能得到很好的科学解释,所以一些早期做过钢铁基础科学问题研究的研究者们仍然会回忆起假设的β-Fe相。

排除了β-Fe的存在还是无法解释碳钢的淬火硬化行为。这就有后来的Fink等人[48]在1926年对所谓的体心四方(BCT)马氏体相的标定,虽然Fink等人将其标定为BCT,但在同一篇文章中Fink本人也对BCT持怀疑态度。有关BCT所对应的衍射峰究竟来自于什么结构特征,目前仍是一大难题,期待后续的研究能够给出一个明确的答案。碳原子是绝对在碳化物中,因此可以沿着碳化物(θ-Fe_3C,为何Fe/C = 3/1而非其他任何比例)如何形成的这条思路研究下去。根本原因还是碳化物颗粒过于细小,很难确定细小碳化物的晶体结构,从而很难从渗碳体的形成机制上推断出马氏体相变后渗碳体的先驱体是什么。即便按照传统理论,在马氏体组织中渗碳体是形核长大,问题是核在哪里以及核是什么至今也没有一个说法。本书中已经给出了一个明确证据证明了这个核是ω-Fe_3C,且只在孪晶界面处,也必须在孪晶界面处,因为这两者之间存在一个相互稳定的关系,而且ω-Fe_3C

和 BCC 的 α-Fe 相是同时在马氏体相变过程中形成的。

在文献[88]中,另一个有趣的推断值得关注,就是 A. Westgren 依据 X 射线衍射峰的宽化程度,将马氏体组织的衍射谱特征与 2 nm 大小的金粉末胶体的 X 射线结果进行类比,得出马氏体组织内部的精细结构为 2 nm 大小的小晶体,这一推断与本书中电镜观察结果一致。

在 19 世纪末到 20 世纪初的一段时间中,钢铁领域相关研究人员的注意力主要在搞懂马氏体组织的本质特征[88]。1898 年,Albert Sauveur 发表在 *The Metallographist* 杂志上的“The Microstructure of Steel and the current theories of hardening”一文中提出[129,130],马氏体组织与珠光体组织类似,同样是由两种不同硬度的组元(每个组元代表一个晶体学相)组成。这一结论是基于高碳钢回火组织腐蚀后颜色的变化而做出的判断(这一过程实际上对应于淬火马氏体组织在回火时向珠光体组织的转变)。因此,这也就有了随后的 Sorbite(索氏体)和 Troostite(屈氏体)之称,索氏体是发生在回火过程中的转变组织;而屈氏体是钢淬火后,介于马氏体和铁素体之间的一种过渡组织,由于这样的组织往往具有非常细小的亚结构,在当时条件下很难分辨清楚,但其实都是珠光体。

一般认为,珠光体组织中的碳化物片层中的碳化物为 θ-Fe_3C,不存在其他碳化物。但是在索氏体或屈氏体碳化物片层中,除 θ-Fe_3C 之外,非常可能存在 ω'-Fe_3C 和 θ'-Fe_3C 细小的碳化物,或者几种碳化物的混合。这也说明众所周知的珠光体组织形成之前,还存在更微细的珠光体组织,或者说珠光体组织本身存在一个演变过程,并非从奥氏体组织中一步形成。

Morris Cohen 在 1962 年发表的一篇总结性的文章中对下列现象做了一些陈述[49]:直到 1926 年,Sauveur 在他的一篇对许多钢铁专家的调查文章中总结说,引起马氏体硬化的原因可归纳于下列几点。

(1)马氏体中原子间价键的增强或新价键的形成;

(2)固溶强化;

(3)内应力引起的点阵畸变;

(4)马氏体相的晶粒细化;

(5)小颗粒碳化物的弥散强化。

这些观点代表了当时很多钢铁领域专家对马氏体硬化原因的看法,Sauveur 认为也许上述几种可能都有,但很显然都不是真正的答案。也就是从那时开始到 20 世纪 60 年代前后,体心四方(BCT 或 α'-Fe)马氏体相的标定及众多马氏体相变理论的形成,基本上是在那段时期内完成的。从那时到今天,钢铁的产业在继续由工程师们推动革新,而基础理论的研究则没有明显的突破性进展,很多疑难问题一直搁置在各种教科书中。

　　事实是碳钢中最初形成的马氏体组织是什么的问题,其实一直不是很清楚,或者说马氏体组织的亚结构一直有多种说法,一般把高碳马氏体分为孪晶马氏体,低碳马氏体分为位错马氏体,不高不低的则什么都有,含糊不清。对于碳钢而言,低、中、高碳的区分本来就是一个工程上的习惯用语,并没有一个科学定义,同时也没有科学的理由来给这三类碳含量划分界线。最初相变形成的马氏体必定为孪晶关系,而后任何碳钢组织都是这种孪晶关系发生退孪晶行为而形成的,或者说只有在碳钢中存在孪晶关系的马氏体才可以称为马氏体组织,其他任何组织都是回火后的马氏体组织或退孪晶所形成的组织,也就是 α-Fe(铁素体)与碳化物的混合组织。如果不能清晰确定最初形成的马氏体组织是什么的话,后面的各种解释是否合理可想而知。

　　由于奥氏体的简单性,因此碳钢组织千变万化的源头就在于铁素体和 ω 相(碳化物)的组合。因为铁素体为 BCC 的 α-Fe 或与其他合金元素的固溶体,而不是含碳的固溶体,铁素体的晶体结构在奥氏体相区外保持不变,那么唯一发生变化的就是 ω 相或碳化物,碳化物的形成、分布和转变等特征(例如珠光体组织)决定了碳钢中马氏体组织演变的特征,从而影响碳钢的性能,由此可见研究钢中 ω 相或碳化物的重要意义。自从马氏体相变发生后,铁素体仅存在晶粒大小与形貌的变化而已,与碳原子毫无关联。但铁素体粗化或再结晶行为是推动碳化物颗粒粗化和各种不同分布的驱动力,当然最终的驱动力还是温度。

　　在金属材料中,借助于碳钢中新发现的亚稳 ω 相,特别是针对钢铁材料中的一些历史遗留难题可以有一个全新且合理的解释:

　　(1)马氏体组织中极细小晶粒是钢的淬火硬化和脆断(体积膨胀)的直接原因。

　　淬火后的马氏体组织是由细小的 α-Fe 晶粒和 ω 相晶粒组成,两相之间有固定的晶体学取向关系,碳原子存在于 ω 相的间隙位置,并能够以 ω-Fe$_3$C 的形式在一定程度上稳定 ω 相。因此碳原子所起的硬化作用是通过 ω 相来实现的。颗粒细小自然亚晶界过多从而导致相变后的体积膨胀,并由此导致脆断现象。当然颗粒细小也是高硬度的直接原因,也是 X 射线衍射峰宽化的根本因素。

(2)退孪晶过程是碳钢复杂组织形态的直接原因。

ω 相的特征:与 BCC 金属和合金中 ω 相的特征一样。在碳钢中,ω 相颗粒均匀细小,很难长大,且只分布在 BCC 的{112}面上,沿该面上的<111>方向排列。无论是 Z 字形,W 或 V 字形的马氏体组织,这些形状的夹角都是 BCC 的两个{112}面间的夹角,也即是由 ω 相的特征分布引起的。因为{112}<111>型孪晶关系是相变的直接产品,本身并没有特别的物理性能,孪晶马氏体钢即是一个现实的事例。孪晶形成后,反而马氏体钢变得更脆了,原因就是孪晶马氏体组织是由细小晶粒组成。随碳含量的增加,孪晶马氏体钢中的孪晶密度增高,受自回火的影响小,钢也变得更硬更脆。但是细小晶粒一旦形成后立即处于再结晶状态或退孪晶过程,这一过程如何变化则受外部的热处理条件的影响。

(3){112}面作为 BCC 的惯习面的物理本质。

实验上一直观察到 BCC 金属和合金中存在大量的{112}<111>型孪晶关系,这些孪晶关系对应的"孪晶面"就是{112}面。在淬火态的碳钢中,这样的孪晶关系更是其主要的微观组织特征之一。马氏体组织总是以{112}面为其惯习面,一直未能得到合理的解释,而{112}面成为惯习面及{112}<111>型孪晶关系形成的根源也在于 ω 相。在碳钢中,{112}<111>型孪晶关系的根本来源是由于碳原子的存在,碳原子在 FCC 点阵中的分布是否具有某种特征仍需理论计算来验证。

(4)钢中奥氏体如何转变成马氏体(新型转变机制)。

ω 相结构首先从 FCC 点阵中形成,而后 BCC 点阵在 ω 的帮助下形成,两者同时发生。这种 FCC → ω → BCC 或 FCC → ω + BCC 的转变机制更能合理地解释钢铁中相变的根本问题。至少,淬火态碳钢马氏体组织中孪晶关系的形成可以通过这种转变机制自动得到解释。这才是真正的共析反应过程。这里究竟是 FCC → ω → BCC 还是 FCC → ω + BCC,需要解释的是,对于纯铁的相变原子路径,则应该考虑第一种。如果把 FCC 看成起始结构,BCC 是最终结构,则 ω 为中间过程。对于碳钢则选择第二种,即 FCC → ω-Fe_3C + BCC。在碳钢中,碳原子已经将 ω 相稳定下来成为碳化物,不会再转变成 BCC 结构了。

(5)ω 相是碳化物的前驱体。

晶体结构上渗碳体可以从 ω 相很容易地转变而成。由于在淬火的马氏体钢中,碳原子只能在 ω 相中,碳化物的形成必定只能从 ω 相转变而来。碳钢的强度来源自然与其中的碳化物分不开,特别是普遍存在的渗碳体(θ-Fe_3C)。理论上,由于 BCC 结构本身在较低的温度下不能固溶碳原子,也就是说碳原子也很难在 BCC 晶体点阵中随便扩散,所以碳化物在较低的回火温度下如何形成一直是个令人难以理解的问题。如果细心观察不难发现,这些渗碳体往往形成在晶界或亚晶界上。一个值得注意的问题是这些晶界就是原来的｛112｝孪晶界面演变而来,而形成这些渗碳体的先驱体就是孪晶界上的 ω 相。因为 ω 相本身含碳原子,其结构本身非常容易向正交结构的渗碳体转变,因此 ω 相细小颗粒之间相互吞并而成一定大小的渗碳体就有说服力了。渗碳体也可以形成在奥氏体组织中,同样是由于 ω 相本身就是直接形成于奥氏体结构。因此在相图上相同的渗碳体既可以出现在低温的铁素体相区,也可以形成于高温的奥氏体相区就容易理解了。工程上可区分这些渗碳体为一次、二次等,但其形成的本质是一样的。

铁陨石中一个典型组织在 1808 年就已被命名为魏氏组织或魏氏花样(Widmanstatten structure 或者 Widmanstatten pattern),这种组织就是铁合金中通过相变形成的粗大的铁素体。严格来说,现在钢铁中的马氏体组织应该与早先的魏氏组织在本质上并无差别,不知为何在一百年后出现马氏体组织一词。一种可能是马氏体组织一词偏向于高碳钢中的马氏体组织,而铁陨石中的含碳量并不高,从而未将魏氏组织与马氏体组织联系起来。个人觉得对于各种组织名称的纠缠已没有必要,也已过时,但对各种组织的本质内容或亚结构的科学认识却是必需的,而不能只依据形貌来命名或区别组织结构特征。科学研究的一个最基本的使命就是认识事物的本质,而不是局限于某种物质或组织生长得像什么,钢铁材料中的唯象理论就是针对这种只知其然而不知其所以然的形貌特征发展起来的。

期望本书内容能帮助读者对碳钢中不同微观组织的形成机制有一个大致的了解,从而理解相应的力学性能变化。例如,为何淬火态碳钢易脆断以及珠光体组织具有大变形能力等。本书的重点内容在于碳钢中不同微观组织的确定和各种微观组织的形成机制两方面,贯穿本书的核心内容是一致和自洽的,并不存在不同的说法或理论去解释碳钢中不同的组织和现象。利用 ω 相,不仅能够解释碳钢组织演变机制,同时也能够解释典型碳化物(θ-Fe_3C)的形成过程,由此可以看出,通过控制 ω 相的稳定性,可以适当调控碳钢的微观组织,从而达到在一定程度上改善性能的目的。各种元素对 ω

相稳定性的影响以及如何影响 ω 相向其他各种可能的晶体结构转变都应该值得关注,期待计算方法能够在这一研究方向做出贡献。合金元素能够在 ω 相中置换铁原子,一是可以改变磁性特征,二是可以改变 ω 相晶体结构向其他结构转变的路径。与 α-Fe 的体心立方结构相比,ω-Fe 相很不稳定,所以合金元素的加入最容易改变 ω-Fe 相,从而使 ω-Fe 相结构转变成其他结构,比如加 Mn,则使 ω 相向密排六方结构转变,从而形成 ε 马氏体相。

钢中马氏体组织晶体结构及亚结构的研究历史进程简列于图 8-2。最初研究微观组织的手段是光学显微镜,马氏体组织经过腐蚀后在光学显微镜下呈现黑色,明显与周围的奥氏体组织不同,美国学者(Howe,1895 年)命名这样的黑色组织为马氏体[126],当然最先发现这种组织的是德国冶金学家 Adolf Martens (1850—1914)。有些文献认为是 Howe 命名马氏体,有些文献认为是 Osmond 最初命名马氏体的,这里不做进一步的探讨。由于马氏体组织具有高硬度特征,因此有关马氏体组织的微观结构和形成机制就成为钢铁研究的一个热点。后来,瑞典科学家(Westgren,1922 年)首先利用 X 射线衍射技术研究了低碳钢中微观组织随温度变化的过程,推断出碳原子固溶于 α-Fe 晶体中,并得出马氏体组织是由非常细小(~2 nm)的亚结构组成的[88]。基于超高碳钢淬火态马氏体组织的 X 射线衍射谱,1926 年美国 Fink 等人将马氏体组织标定为 BCT 结构,认为淬火态马氏体是一个 BCT 单晶体组织[48]。随着透射电子显微镜的发展,1961 年英国 Kelly 等人直接观察到淬火态碳钢马氏体内部的孪晶结构——体心立方 BCC{112}<111>型孪晶,而非 BCT 的孪晶[61]。这一发现直接否定了淬火态高碳马氏体是一个单晶体的概念。2013 年,本书作者采用高分辨透射电子显微镜研究发现这种孪晶界面存在第二相——ω-Fe(C)相[45,46]。自此,淬火态碳钢马氏体组织亚结构的研究,进入了一个新的阶段。

在本书结束之前做一点简单展望。钢铁的物理冶金原理表明,通过改变钢铁的合金成分和热处理参数可以调节和控制材料内部的微观组织结构,从而获得优越的综合力学性能。高性能钢铁材料设计和研发的重要物理基础来自于热处理过程中丰富的固态相变特性,其中最重要的是对强韧性具有决定作用的珠光体转变和马氏体转变。因此固态相变所涉及的微观组织结构演化及与力学性能的关系一直受到冶金和材料研究者的高度关注,是钢铁冶金和固体物理领域的重要研究方向之一。

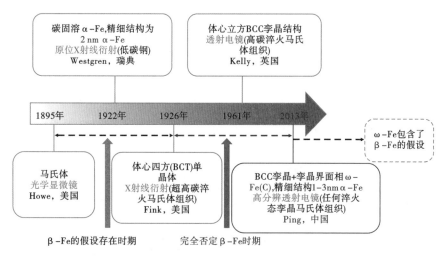

图8-2　马氏体组织内部晶体结构研究的历史进程

马氏体组织最早由德国冶金学者 Adolf Martens 发现,后由 Howe 命名为 Martensite(马氏体)。对马氏体组织的相关研究强有力地推动了钢铁冶金学的发展

对钢铁中马氏体相变以及马氏体组织亚结构的科学研究起源于十九世纪后期。此后,众多的冶金学家和材料物理学家对钢铁(尤其是碳钢和含碳合金钢)中的马氏体相变持续不断地开展了大量的研究工作,如马氏体相变物理机制、马氏体及其亚结构以及马氏体相变与力学行为的关系等。但由于钢铁中马氏体相变的复杂性(高相变速率、成分多组元和马氏体多形态等)[131],与马氏体相变机制相关的许多科学问题一直未得到明确清晰的阐释,如马氏体的形核机制、面心立方(FCC)奥氏体 →体心立方(BCC)或体心四方(BCT)马氏体的转变路径、马氏体的晶体结构(BCC 或 BCT)及亚结构(位错及孪晶)与碳含量相关性的机制等。本书的内容对解答上述疑问可以提供不少帮助。

碳钢马氏体的晶体结构及其亚结构都与碳含量密切相关。阐明碳原子与马氏体晶体结构及亚结构相关性的本质,已经成为理解钢铁马氏体相变机制的关键。随着晶体学和分析测试手段的发展,有关淬火态马氏体组织亚结构的表征愈加精确。因此,建立一个系统自洽的碳钢微观组织演变机理已成为可能。这不仅是钢铁科学基础研究的迫切需求,而且有助于工程上实现钢中微观组织如碳化物尺寸和分布的调控,设计高附加值超高强钢种,以满足钢铁材料发展的战略需求。

1896 年,Austen(钢中奥氏体组织以他的名字命名)首次建立了 Fe-C 二元相图,随后钢铁研究人员对此相图进行了不断地完善,图 8-3(a)展示了现代版相图。Fe-C 二元相图基本上被认为是钢铁材料的第一代基本理论,也是热处理学科的基础。相图上的实线是两相之间的临界转变温度,可通过不同温度下加热样品,而后缓慢冷却,测量样品的膨胀数据和观察组织变化来确定。但该相图是平衡相图,缺乏相变过程中非平衡组织的相关信息。其后的等温转变图(TTT)和连续冷却转变图(CCT)是基于铁素体、马氏体、珠光体、索氏体、屈氏体和贝氏体组织的形成而得出的准平衡或非平衡组织的曲线。

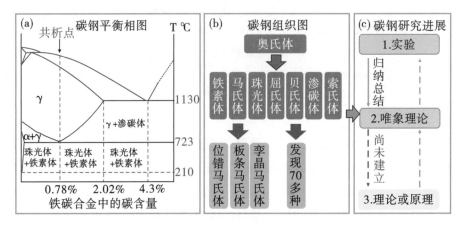

图 8-3 碳钢组织

(a) Fe-C 平衡相图;(b)碳钢中的组织列表;(c)碳钢科学研究进展

显然从图 8-3(a)的 Fe-C 相图只能得到平衡条件或准平衡条件下的相变趋势,不能获取相变过程中亚稳微观组织的演变细节。各种碳钢组织[图 8-3(b)]之间的关系以及在相变过程中亚稳组织之间的相互转变至今没能被科学系统地阐明,研究人员仅是基于实验观察而总结归纳得出知其然而不知其所以然的唯象理论[图 8-3(c)]。简而言之,Fe-C 二元相图并不能科学地解释热处理过程中的微观组织的演变和相变及与渗碳体形成之间的关联性。例如,在本书作者的研究工作之前,马氏体相变导致铁素体的晶粒细化,但是铁素体晶粒的最小尺寸以及影响因素还未知,之前还没有一个马氏体相变理论能给出通过马氏体相变所形成的最小铁素体的晶粒尺寸,但本书的内容已经给出了一个完美回答。

相图代表的是一个温度范围内的稳定相。只有正确理解了各平衡相或组织之间在原子尺度上的转变过程,才能更深入地理解平衡相图中所蕴含的科学意义,才能实现钢铁从唯象理论突破到基本原理的建立[图 8-3 (c)]。如何从原子尺度上去揭示相图中平衡组织之间的转变路径,则需要研究相变过程中的亚稳过渡态组织的形成和演化,只有这样才能有效地调控钢铁材料的微观组织以实现性能优化。淬火态马氏体组织则是亚稳态组织的一个典型代表,也可将马氏体组织相关的马氏体相变称为钢铁基础研究的第二代基本原理。

以往研究马氏体相变过程或钢铁微观组织的演变过程比较偏重于热力学,对于奥氏体组织中同时形成两相(α-Fe 和 ω-Fe)的马氏体相变过程,只从热力学角度出发难以解释清楚这个复杂相变过程。本书的特点是完全从晶体学或晶体结构的转变出发,较系统地研究分析了整体碳钢组织中的马氏体相变过程以及微观组织演变过程。由于晶体学与几何学的相互关联,从晶体学角度考虑相变应该严谨可信,更易理解。

纵观全文,唯一未得到完整确定的其实是碳化物,是那些存在于 ω-Fe$_3$C 向 θ-Fe$_3$C 转变的中间产物,甚至大家熟知的 θ-Fe$_3$C 渗碳体的晶体结构在各种状态或样品中都可能存在差别,正如在第六和第七章所介绍的,确定那些 ω-Fe$_3$C 的转变产物具有一定的科学和工程意义。自然,各种各样"BCT"结构的 X 射线衍射谱与这些碳化物的存在相关。

参考文献

[1]FROSTP D, PARRIS W M, HIRSCH L L, et al. Isothermal transformation of titanium-manganese alloys[J]. Trans. Amer. Soc. Metals, 1954, 46: 1056.

[2]HATT B A, ROBERTS J A, WILLIAMS G I. Occurrence of the metastable omega phase in zirconium alloys[J]. Nature, 1957,180: 1406.

[3]DE FONTAINE D. Mechanical instabilities in the bcc lattice and the beta to omega phase transformation[J]. Acta Metall. , 1970,18: 275.

[4]FEENEY J A, BLACKBURN M J. Effect of microstructure on strength, toughness, and stress-corrosion cracking susceptibility of a metastable beta titanium alloy (Ti-11.5Mo-6Zr-4.5Sn)[J]. Metall. Trans. , 1970,1: 3309.

[5]PING D H. Review on ω phase in body-centered cubic metals and alloys. Acta Metall. Sin. (Engl. Lett.)[J], 2014, 27: 1.

[6]HENNIG R G, TRINKLE D R, BOUCHET J, et al. Impurities block theα to ω martensitic transformation in titanium[J]. Nature Mater. , 2005, 4: 129.

[7]HICKMAN B S. The formation of omega-phase in titanium and zirconium alloys: a review[J]. J. Mater. Sci. , 1969,4: 554.

[8]SIKKA S K, VOHRA Y K, CHIDAMBARAM R. Omega phase in materials [J]. Prog. Mater. Sci. , 1982, 27: 245.

[9]CUI C Y, PING D H. Microstructural evolution and ductility improvement of a Ti-30Nb alloy with Pd addition[J]. J. Alloys compd. , 2009,471: 248.

[10]BAGARYATSKIY Y A, G. I. NOSOVA G I, TAGUNOVA T V. O kristallicheskoi structure I prirode omega-fazy v splavakh titana s khromom

[J]. Dokl. Akad. Nauk. SSSR, 1955,105: 1225.

[11] SILCOCK J M, DAVIES M H, HARDY H K. The Mechanism of Phase Transformation in Solids[J]. Inst. Metals Monogr., 1955, 18: 93

[12] YAKEL H L Jr. Oak ridge national laboratory annual progress report, ORNL-2839, 1959, 51.

[13] HATT B A, ROBERTS J A. The ω–phase in zirconium base alloys [J]. Acta Metall., 1960,8: 575.

[14] COMETTO D J, HOUZE G L, HEHEMANN R F. The omega transformation in Zirconium−Niobium (Columbium) alloys[J]. Trans. AIME, 1965, 233: 30.

[15] SILCOCK J M. An X−ray examination of the ω−phase in TiV, TiMo, and TiCr alloys[J]. Acta Metall., 1958,6: 481.

[16] KOUL M K, BREEDIS J F. Phase transformation in beta isomorphous titanium alloys[J]. Acta Metall., 1970, 18: 579.

[17] BAGARJATSKIJ J A, NOSOVA G I, TAGUNOVA T V. On the nature of the omega phase in quenched titanium alloys[J]. Acta Cryst., 1961,14: 1087.

[18] FONTAINE D D, KIKUCHI R. Bragg−Williams and other models of the omega phase transformation[J]. Acta Metall., 1974,22: 1139.

[19] SANCHEZ J M, FONTAINE D D. The omega phase transformation [J]. J. de Phys. Colloque C7, 1977, 38: 444.

[20] HSIUNG L M, LASSILA D H. Shock−induced deformation twinning and omega transformation in tantalum and tantalum–tungsten alloys [J]. Acta Mater., 2000,48: 4851.

[21] HSIUNG L L M. Nanoscale twinning and martensitic transformation in shock−deformed BCC metals[J]. MRS Online Proceedings Library, 2005, 882: 48.

[22] CHENG G M, YUAN H, JIAN M M, et al. Deformation−induced omega phase in nanocrystalline Mo[J]. Scripta Mater., 2013,68: 130.

[23] SASS S L. The structure and decomposition of Zr and Ti BCC solid solutions [J]. J. Less−Common Metals, 1972,28: 157.

[24] BLACKBURN M J, WILLIAMS J C. Phase transformation in Ti−Mo and

Ti–V alloys[J]. Trans. AIME, 1968,242: 2461.

[25] HANADA S, IZUMI O. Correlation of tensile properties, deformation modes, and phase stability in commercial β–phase titanium alloys[J]. Metall. Trans. A, 1987,18A: 265.

[26] PING D H, CUI C Y, YIN F X, et al. TEM investigations on martensite in a Ti–Nb–based shape memory alloy[J]. Scripta Mater. , 2006,54: 1305.

[27] JACKSON W A, PERKINS A J, HEHEMANN R F. Omega transformation in Hf–Nb alloys[J]. Metall. Trans. , 1970,1: 2014.

[28] SHAO G, TSAKIROPOULOS P. On the ω phase formation in Cr–Al and Ti–Al–Cr alloys[J]. Acta Mater. , 2000,48: 3671.

[29] DELAEY L, PERKINS A J, MASSALSKI T B. Review: on the structure and microstructure of quenched beta–brass type alloys[J]. J. Mater. Sci. , 1972,7: 1197.

[30] PRASETYO A, REYNAUD F, WARLIMONT H. Elastic constant anomalies and precipitation of an omega phase in some metastable Cu2+xMn1–xAl B. C. C. alloys[J]. Acta. Metall. , 1976,24: 651.

[31] PRASETYO A, REYNAUD F, WARLIMONT H. Omega phase in quenched β brass and its relation to elastic anomalies[J]. Acta. Metall. , 1976,24: 1009.

[32] YEDNERAL F, PERKAS M D. Formation of a metastable ordered omega phase on ageing of the martensite in an Fe – Ni – Co – Mo alloy [J]. Phys. Met. Metal. , 1972,33: 89.

[33] AYER R, BENDEL L P, ZACKAY V F. Metastable precipitate in a duplex martensite + ferrite precipitation – hardening stainless steel [J]. Metall. Trans. A,1992,23A: 2447.

[34] DJEGA–MARIADASSOU C, BESSAIA L, SERVANT C. Nanocrystalline precipitates formed by aging of bcc disordered Fe – Ni – Mo alloys [J]. Phys. Rev. B, 1995, 51: 8830.

[35] GYSLER A, LÜTJERING G, GEROLD V. Deformation behavior of age–hardened Ti-Mo alloys[J]. Acta Metall. , 1974, 22: 901.

[36] BOWEN A W. Omega phase embrittlement in aged Ti–15% Mo[J]. Scripta Metall. ,1971,5: 709.

[37] OROWAN E. Condition of high-velocity ductile fracture[J]. J. Appl. Phys. , 1955,26: 900.

[38] KOUL M K, BREEDIS J F. Omega phase embrittlement in aged Ti-V [J]. Met. Mater. Trans. B, 1970,1: 1451.

[39] CHANDRASEKARAN V, TAGGART R, POLONIS D H. Fracture modes in a binary titanium alloy[J]. Metallography, 1972,5: 235.

[40] SASS S L. The ω phase in a Zr-25 at.% Ti alloy[J]. Acta Metall. , 1969,17: 813.

[41] WU S Q, PING D H, YAMABE-MITARAI Y, et al. {112}<111> twinning during ω to body-centered cubic transition[J]. Acta Mater. , 2014, 62: 122.

[42] 吴松全, 杨义, 李阁平,等. {112}<111>孪晶的形核和长大及终止的 ω 点阵机制[J], 金属学报,2016, 52: 249.

[43] VITEK V. Multilayer stacking faults and twins on {112} planes in B. C. C. metals[J]. Scripta Metall. , 1970, 4: 725.

[44] BRISTOWE P D, CROCKER A G. A computer simulation study of the structure of twinning dislocations in body centered cubic metals[J]. Acta Metall. , 1977,25: 1363.

[45] PING D H, GENG W T. A popular metastable omega phase in body-centered cubic steels[J]. Mater. Chem. Phys. , 2013,139: 830.

[46] 平德海,殷匠,刘文庆,等. 低合金马氏体钢中的 ω 相[J], 金属学报, 2013, 49: 769.

[47] LI S J, HU G J, JING B, et al. Dependence of {112}<111>-type twin density on carbon content in Fe-C martensite[J]. J. Mater. Res. Tech. , 2022, 18: 5045.

[48] FINK W L, CAMPBELL E D. Influence of heat treatment and carbon content on the structure of pure iron carbon alloys[J]. Trans. Amer. Soc. Steel Treating, 1926,9: 717.

[49] COHEN M. The effect of carbon on the hardness of martensite and austenite [J]. TMS. AIME, 1962,224: 638.

[50] KRAUSS G. Martensite in steel: strength and structure[J]. Mater. Sci. Eng. A, 1999,40: 273.

［51］SHERBY O D, WADSWORTH J, LESUER D R, et al. Revisiting the structure of martensite in iron−carbon steels［J］. Mater. Trans. , 2008 ,49： 2016.

［52］HONDA K, NISHIYAMA Z. On the nature of the tetragonal and cubic martensites. Sci. Rep. Tohoku. Imperial. Uni. ,1932, 21： 299.

［53］KURDJUMOV G, LYSSAK L. The application of single crystals to the study of tempered martensite［J］. J. Iron. St. Inst. , 1947 ,156： 29.

［54］MAZUR J. Lattice parameters of martensite and of austenite［J］. Nature, 1950 ,166： 828.

［55］BAIN E C, PAXTON H W. Alloying Elements in Steel［M］. ed. Amer Soc. Metals, Metals Park, Ohio, 1961.

［56］KURDJUMOV G V. Martensite crystal lattice, mechanism of austenite − martensite transformation and behavior of carbon atoms in martensite ［J］. Metall. Trans. A ,1976, 7： 999.

［57］BERNSHTEIN M L, KAPUTKINA L M, PROKOSHKIN S D. Studies of the quenched and tempered martensite crystal lattice［J］. Scr. Metall. , 1984 ,18： 863.

［58］CHRISTIAN J W. Tetragonal martensites in ferrous alloys—A critique ［J］. Mat. Trans. JIM, 1992 ,33： 208.

［59］刘旋，陈雨琳,陆兴,等. 不同碳含量碳钢淬火态马氏体精细结构 ［J］. 材料热处理学报, 2018 ,39： 86.

［60］LIU T W, ZHANG D X, LIU Q, et al. A new nanoscale metastable iron phase in carbon steels［J］. Sci. Rep. , 2015, 5： 15331.

［61］KELLY P M, NUTTING J. The morphology of martensite［J］. J. Iron Steel Inst. ,1961 ,197： 199.

［62］LIU T W, PING D H, OHMURA T, et al. Electron diffraction characterization of quenched Fe − C martensite［J］. J. Mater. Sci. , 2018, 53： 2976.

［63］ZHANG P, CHEN Y, XIAO W, et al. Twin structure of the lath martensite in low carbon steel［J］. Prog. Nat. Sci. Mater. Int. , 2016, 26： 169.

［64］PING D H, LIU T W, OHNUMA M, et al. Microstructural evolution and carbides in quenched ultra low − carbon （Fe − C） alloys［J］. ISIJ Int. ,

2017, 57: 1233.

[65] PING D H, SINGH A, GUO S Q, et al. A simple method for observing ω–Fe electron diffraction spots from <112>α–Fe directions of quenched Fe–C twinned martensite[J]. ISIJ Int. , 2018, 58: 159.

[66] CHEN Y, PING D, WANG Y, et al. An atomic mechanism for the formation of nanotwins in high carbon martensite[J]. J. Alloys Compd. , 2018, 767: 68.

[67] PING D H, GUO S Q, IMURA M, et al. Lath formation mechanisms and twinning as lath martensite substructures in an ultra low–carbon iron alloy [J]. Sci. Rep. , 2018, 8: 14264.

[68] PING D H, OHNUMA M. ω–Fe particle size and distribution in high–nitrogen martensitic steels[J]. J. Mater. Sci. , 2018, 53: 5339.

[69] WANG C, CHEN Y, HAN J, et al. Microstructure of ultrahigh carbon martensite[J]. Prog. Nat. Sci. Mater. Int. , 2018, 28: 749.

[70] MAN T H, LIU TW, PING D H, et al. TEM investigations on lath martensite substructure in quenched Fe–0.2C alloys[J]. Mater. Char. , 2018, 135: 175.

[71] LI S, HE M, HU G, et al. Pearlite formation via martensite[J]. Composites Part B: Eng. , 2022,238: 109859.

[72] PING D H, XIANG H P. Simulated electron diffraction patterns ofω–Fe in Fe–C martensite[J]. J. Appl. Phys. , 2019, 125: 045105.

[73] PING D H. Understanding solid–solid (fcc → ω + bcc) transition at atomic scale[J]. Acta Metall. Sin. (Eng. Lett.), 2015, 28: 663.

[74] TOGO A, TANAKA I. Evolution of crystal structures in metallic elements [J]. Phys. Rev. B, 2013, 87: 184104.

[75] IKEDA Y, SEKO A, TOGO A, et al. Phonon softening in paramagnetic bcc Fe and its relationship to the pressure–induced phase transition [J]. Phys. Rev. B, 2014,90: 134106.

[76] IKEDA Y, TANAKA I. Stability of the ω structure of transition elements [J]. Phys. Rev. B, 2016, 93: 094108.

[77] IKEDA Y, TANAKA I. ω structure in steel: A first–principle study [J]. J. Alloys Compd. , 2016, 684: 624.

[78]GRENINGER A B. Twinning in alpha iron[J]. Nature, 1935, 135: 916.

[79]CROCKER A G. Twinned martensite[J]. Acta Metall. , 1962, 10: 113.

[80]WASILEWSKI R J. Deformation twinning as a mode of energy accommodation[J]. Metall. Trans. , 1970,1: 1333.

[81]WASILEWSKI R J. Mechanism of bcc twinning: shear or shuffle[J]? Metall. Trans. , 1970,1: 2641.

[82]VITEK V. Atomic level computer modelling of crystal defects with emphasis on dislocations: Past, present and future[J]. Prog. Mater. Sci. , 2011, 56: 577.

[83]BRISTOWE P D, CROCKER A G. Zonal twinning dislocations in body centred cubic crystal[J]. Phil. Mag. A, 1976,33: 357.

[84]LIU L, WANG J, GONG S K, et al. High resolution transmission electron microscope observation of zero-strain deformation twinning mechanism in Ag [J]. Phys. Rev. Lett. , 2011,106: 175504.

[85]ZHOU D S, SHIFLET G J. Ferrite: Cementite crystallography in pearlite [J]. Metall. Trans. A, 1992, 23A: 1259.

[86]BUNGE H J, WEISS W, KLEIN H, et al. Orientation relationship of Widmanstätten plates in an iron meteorite measured with high-energy synchrotron radiation[J]. J. Appl. Cryst. , 2003, 36: 137.

[87]BOATNER L A, KOLOPUS J A, LAVRIK N V, et al. Cryo-quenched Fe-Ni-Cr alloy single crystals: A new decorative steel[J]. J. Alloys Compd. , 2017, 691: 666.

[88]WESTGREN A. X-ray studies on the crystal structure of iron and steel [J]. Nature, 1922, 109: 817.

[89]DEVI A A S, PALLASPURO S, CAO W, et al. Density functional theory study ofω phase in steel with varied alloying elements[J]. Int. J. Quantum Chem. , 2020, 120: e26223.

[90]ASSA ARAVINDH S, CAO W, ALATALO M, et al. Adsorption of CO_2 on the ω-Fe (0001) surface: insights from density functional theory[J]. RSC Adv. , 2021, 11: 6825.

[91]LIU X, PING DH, XIANG H P, et al. Nanoclusters of α-Fe naturally formed in twinned martensite after martensitic transformation [J]. J.

Appl. Phys. , 2018, 123: 205111.

[92]LIU X, MAN T H, YIN J, et al. In-situ heating TEM observations on carbide formation andα - Fe recrystallization in twinned martensite [J]. Sci. Rep. , 2018, 8: 14454.

[93] WELLS M G H. An electron transmission study of the tempering of martensite in an Fe-Ni-C alloy[J]. Acta Metall. , 1964, 12: 389.

[94]BARTON C J. The tempering of a low-carbon internally twinned martensite [J]. Acta Metall. , 1969, 17: 1085.

[95] SPEICH G R, LESLIE W C. Tempering of steel[J]. Metall. Trans. , 1972, 3: 1043.

[96]HIROTSU Y, NAGAJURA S. Crystal structure and morphology of the carbide precipitated from martensitic high carbon steel during the first stage of tempering[J]. Acta Metall. , 1972,20: 645.

[97]SAMUEL F H, HUSSEIN A A. Tempering of medium- and high-carbon martensite[J]. Metallography, 1982,15: 391.

[98]TKALCEC I, AZCOÏTIA C, CREVOISERAT S, et al. Tempering effects on a martensitic high carbon steel[J]. Mater. Sci. Eng. A, 2004, 387-389: 352.

[99]ZHU C, CEREZO A, SMITH G D W. Carbide characterization in low-temperature tempered steels[J]. Ultramicroscopy, 2009,109: 545.

[100]MASSARDIER V, GOUNE M, FABREGUE D, et al. Evolution of microstructure and strength during the ultra-fast tempering of Fe-Mn-Cmartensitic steels[J]. J. Mater. Sci. , 2014, 49: 7782.

[101]TOJI Y, MIYAMOTO G, RAABE D. Carbon partitioning during quenching and partitioning heat treatment accompanied by carbide precipitation [J]. Acta Mater. , 2015, 86: 137.

[102] THOMPSON S W. Structural characteristics of transition-iron-carbide precipitates formed during the first stage of tempering in 4340 steel [J]. Mater. Char. , 2015, 106: 452.

[103]SONG Y, CUI J, RONG L. In situ heating TEM observations of a noval microstructure evolution in a low carbon martensitic stainless steel[J]. Mater. Chem. Phys. , 2015, 165: 103.

[104]SALEH A A, CASILLAS G, PERELOMA E V, et al. A transmission Kikuchi diffraction study of cementite in a quenched and tempered steel [J]. Mater. Char. , 2016, 114: 146.

[105]SONG Y, CUI J, RONG L. Microstructure and mechanical properties of 06Cr13Ni4Mo steel treated by quenching-tempering-partitioning process [J]. J. Mater. Sci. Tech. , 2016, 32: 189.

[106]ANDREWS K W. The structure of cementite and its relation to ferrite[J], Acta Metall. , 1963, 11: 939.

[107]JACK D H, JACK K H. Carbides and nitrides in steel[J]. Mater. Sci. Eng. , 1973,11: 1.

[108]ELSUKOV E P, DOROFEEV G A, ULYANOV A L, et al. On the problem of the cementite structure[J]. Phy. Met. Metallogr. , 2006, 102: 76.

[109]BHADESHIA H K D H. Cementite[J]. Inter. Mater. Rev. , 2020, 65: 1.

[110]GHOSH G. A first-principles study of cementite (Fe_3C) and its alloyed counterparts: Elastic constants, elastic anisotropies, and isotropic elastic moduli[J]. AIP Adv. , 2015, 5: 087102.

[111]PING D H, XIANG H P, CHEN H, et al. A transition of $\omega-Fe_3C \rightarrow \omega'-Fe_3C \rightarrow \theta'-Fe_3C$ in Fe-C martensite[J]. Sci. Rep. , 2020, 10: 6081.

[112]PING D H, XIANG H P, LIU X, et al. Metastable$\omega'-Fe_3C$ carbide formed during $\omega-Fe_3C$ particle coarsening in binary Fe-C alloys[J]. J. Appl. Phys. , 2019, 125: 175112.

[113]PING D H, CHEN H, XIANG H P. Formation of $\theta-Fe_3C$ cementite via $\theta'-Fe_3C$ ($\omega-Fe_3C$) in Fe-C alloys[J]. Cryst. Growth Des. , 2021, 21: 1683.

[114]WOOD I G, VOCADLO L, KNIGHT K S, et al. Thermal expansion and crystal structure of cementite, Fe3C, between 4 and 600 K determined by time-of-flight neutron powder diffraction[J]. J. Appl. Crystal. , 2004, 37: 82.

[115]SORBY H C. On the application of very high powers to the study of the microscopic structure of steel[J]. J. Iron Steel Inst. , 1886, 1: 140.

[116] BENEDICKS C. The nature of troostite. J. Iron Steel Inst. , 1905, 2: 353.

[117] HONDA K. Is the direct change from austenite to troostite theoretically possible[J]? J. Iron Steel Inst. , 1926, 114: 417.

[118] HOWELLP R. The pearlite reaction in steels: mechanisms and crystallography[J]. Mater. Char. , 1998, 40: 227.

[119] 郭正洪. 钢中珠光体相变机制的研究进展[J], 材料热处理学报, 2003, 24: 1.

[120] ARANDAM M, REMENTERIA R, CAPDEVILA C, et al. Can pearlite form outside of the Hultgren extrapolation of the A_{e3} and A_{cm} phase boundaries[J]? Metall. Mater. Trans. A, 2015, 47A: 649.

[121] ASTA M, BECKERMANN C, KARMA A, et al. Solidification microstructures and solid – state parallels: Recent developments, future directions [J]. Acta Mater. , 2009, 57: 941.

[122] SAWADA K, HARA T, TABUCHI M, et al. Microstructure characterization of heat affected zone after welding in Mod. 9Cr – 1Mo steel [J]. Mater. Char. , 2015, 101: 106.

[123] HOU Z, PRASATH BABU R, HEDSTRÖM P, et al. On coarsening of cementite during tempering of martensitic steels[J]. Mater. Sci. Tech. , 2020, 36: 887.

[124] SHIBATA K, ASAKURA K. Transformation Behavior and Microstructures in Ultra–low Carbon Steels[J]. ISIJ Int. , 1995, 35: 982.

[125] 郭可信. 金相学史话(2): β–Fe 的论战[J]。材料科学与工程, 2001, 19: 6.

[126] OSMOND F. Microscopic Analysis of Metals[M]. Edited by J. E. Stead, London: Charles Griffin & Company, limited, Exeter street, Strand. 1904.

[127] OSMOND F, WERTH F S. Théorie Cellulaire des Propriétés de l´acier [J]. Annales Des Mines, 1885, 8: 5.

[128] MASSALSKI T B. Comments concering some features of phase diagrams and phase transformations[J]. Mater. Trans. , 2010, 51: 583.

[129] VANPAEMEL J. History of the hardening of steel: science and technology

[J]. Journal de physique, colloque, 1982, C4: 847.

[130] SAUVEUR A. The Microstructure of Steel and the current theories of hardening[J]. The Metallographist, 1898, 1: 37.

[131] YEN H W. Advanced characterization on nanostructure in steels[J]. Encyclopedia of materials: Metals and Alloys, 2022, 2: 250.